新疆干旱区再生水地下储存模式及健康与生态风险研究

王晓愚　贾尔恒·阿哈提　李　彦　张　琳　编著

黄河水利出版社

·郑州·

图书在版编目(CIP)数据

新疆干旱区再生水地下储存模式及健康与生态风险研
究/王晓愚等编著. —郑州:黄河水利出版社,2022. 12
ISBN 978-7-5509-3355-2

Ⅰ.①新… Ⅱ.①王… Ⅲ.①干旱区-再生水-地下
储存-研究-新疆 Ⅳ.①P641.139

中国版本图书馆 CIP 数据核字(2022)第 150066 号

策划编辑:陶金志 电话:0371-66025273 E-mail:838739632@qq.com

出 版 社:黄河水利出版社
　　　　　地址:河南省郑州市顺河路黄委会综合楼 14 层　　　　邮政编码:450003
发行单位:黄河水利出版社
　　　　　发行部电话:0371-66026940、66020550、66028024、66022620(传真)
　　　　　E-mail:hhslcbs@ 126. com
承印单位:三河市元兴印务有限公司
开本:787 mm×1 092 mm　1/16
印张:10. 25
字数:180 千字
版次:2022 年 12 月第 1 版　　　　　　　　印次:2022 年 12 月第 1 次印刷
定价:98. 00 元

前　言

　　近年来,随着城市化进程的快速发展,城市规模逐渐扩大,人口数量迅速增加,导致水资源日趋紧张,水资源供需矛盾也日益突出。在干旱区,水资源短缺更加明显。将再生水作为一种持续稳定的水资源加以利用,是缓解水资源短缺的重要途径。新疆属于典型的大陆性干旱区气候,极端缺水,多数地区地下水超采,导致地下水水位下降、水质恶化,城市污水资源循环利用率低。面对这种情况,再生水循环利用需求日益强劲。在新疆若能充分利用再生水,将有利于缓解水资源紧缺和由于地下水超采导致的含水层枯竭等问题,有利于改善水环境和提高水重复利用率。作为水资源管理的一种方式和策略,在再生水地下储存过程中,由于水质标准的不完善及水岩反应变化的不确定性加大了合理评估水质风险的难度。

　　早在19世纪,伦敦、波士顿、巴黎等城市就有关于合法使用再生水的法案出台,美国是世界上最早进行污水再生利用的国家之一。经过多年的发展,在美国、以色列、日本、新加坡、澳大利亚、德国、法国等国家,再生水已经成为缓解水资源危机的重要措施,各国制定了污水再生利用的目标、政策法规及规范标准。再生水作为城市发展的"第二水源",在缓解城市供水压力、降低水环境污染方面发挥着极为重要的作用。近年来,我国再生水利用系统呈现加速发展态势,污水处理水平与处理量稳步提高,再生水利用量逐年增加。我国已有多地颁布了再生水相关政策,对再生水利用率、再生水用途及收费政策提出相关要求。截至2020年,我国再生水利用量达到146亿 m^3。但是在新疆,再生水利用才刚刚起步,为开展再生水地下储存技术探索性研究,本书结合新疆实际情况,筛选适宜的再生水地下储存模式;首先通过室内模拟试验,研究再生水渗滤后主要污染物在干旱区包气带土壤层和地下含水层中的迁移转化机制;其次通过分析再生水地下储存区域土壤环境与地下水环境的变化,评估可能存在的健康和生态风险;最后明确再生水地下储存的健康与生态风险的控制因素,并提出相应的控制对策。

　　本书共7章,第1章项目背景与概述,主要介绍了再生水资源的现状、国内外研究进展以及本书的主要研究内容。第2章干旱区再生水地下储存模式研究,主要介绍再生水地下储存的主要模式与典型工程案例以及再生水地下储存场地评价与选址情况。第 3 章新疆城镇污水再生利用的可行性与安全保障,主要介绍了乌鲁木齐市再生水补给地下水的可行性分析与再生水地下储存安全性评价。第 4 章再生水地下储存荒漠土壤主要污染物迁移转化机制研究,主要通过室内土柱试验,揭示荒漠土壤渗滤系统主要污染物迁移转化规律,掌握荒漠土壤氨氮吸附性能,阐明不同质地土壤对氨氮的吸附作用机制与差异。第 5 章再生水地下储存健康风险研究,主要介绍干旱区再生水地下储存的健康风险评价以及健康风险控制。第 6 章再生水地下储存生态风险研究,主要介绍干旱区再生水地下储存的健康风险与生态风险评价方法,确定潜在风险因子,提出生态风险控制的主要因素和对策与措施。第 7 章结论与展望,主要介绍本书所取得的主要结论以及存在的问题与解决途径。

本书得到了国家自然科学基金项目(41361087)的资助,是全体项目研究人员成果的集成,由新疆维吾尔自治区环境保护科学研究院王晓愚负责全书的内容编写,新疆维吾尔自治区环境保护科学研究院贾尔恒·阿哈提、赵晨曦提供技术支持,参与本书编写的还有新疆农业大学李彦、新疆维吾尔自治区环境保护科学研究院张琳。此外,在本书编写过程中,还参考了其他单位和个人的研究成果,形成了本书的系统框架。在此,感谢在这一领域做出贡献的专家和学者。同时,对为本书编写提供过帮助的同行专家和朋友致以衷心的谢意。

本书所取得的结果和数据是支撑该项目的基础数据,为今后研究干旱区再生水地下储存技术奠定基础,为新疆干旱区再生水安全利用提供技术支撑,而且为国家环境保护准噶尔荒漠绿洲交错区科学观测研究站的建设提供数据和成果积累,对项目依托单位及新疆环境污染监控与风险预警重点实验室的学科建设具有重大科学意义。

限于编著者的学识和经验,书中错误和疏漏在所难免,恳请各位专家和读者朋友给予批评指正。

作　者

2022 年 4 月

目　录

第 1 章　项目背景与概述

1.1　项目背景

1.1.1　新疆水资源紧缺,再生水利用潜力大

1.1.1.1　水资源利用现状

　　新疆地处我国西北,属亚欧大陆腹地,气候干旱,水资源主要来源于降水,受季节因素影响,时空分布极不均衡,地表水蒸发量大,致使一些地方水资源严重不足。新疆全区多年平均水资源量为 $8.32×10^{10}$ m³,其中地下水资源量为 $5.03×10^{10}$ m³,全区平均水量仅为 $4.18×10^6$ m³/km²。新疆水资源可开发利用总量约为 407 亿 m³,其中地表水可开发利用量为 372.6 亿 m³,可开发利用率为 53.8%,开发潜力为 79.7 亿 m³,地下水可开发利用量为 33.5 亿 m³,可开发利用率为 51.7%,开发潜力 0.8 亿 m³。随着经济社会的发展,新疆面临着水资源短缺的困扰。据统计,新疆可供水量为 495.38 亿 m³(地表水 442.03 亿 m³,地下水 51.7 亿 m³,其他 1.65 亿 m³),需水量 506.02 亿 m³,面临着 10.64 亿 m³ 的缺水量。据调查,2012 年新疆经济社会用水总量 590 亿 m³,水资源开发利用程度达到 71%,超出了国际认定的 40% 警戒线。除伊犁、阿勒泰两地外,其他地区的地表水开发利用率为 76.5%,地下水开采率 73.1%,其中东疆达 164.8%,属于区域性地下水严重超采区;北疆达 98.5%,属区域性超采区;南疆为 49%。对于经济社会协调发展而言,水资源的基础性地位愈加彰显,供需矛盾日益突出,成为制约新疆可持续发展的一大瓶颈。新疆农业用水量占总用水量的比重高于全国平均水平,挤占了新疆全区涉及国民经济其他部门的用水和生态用水,城市与工业用水同农业灌溉抢水的矛盾将愈加突出,给新疆生态环境带来了极大的负面影响。

　　以乌鲁木齐市为例,根据乌鲁木齐市水资源公报,2010 年来水总量为 9.39 亿 m³,其中地表来水量 9.09 亿 m³,地下水补给量 4.03 亿 m³,地表水与地下水转换重复量 3.73 亿 m³。2010 年供水总量为 10.89 亿 m³,其中地表水 5.70 亿 m³,地下水供水量已达 4.97 亿 m³,其他水源主要是城市污水处理

再利用量,约为 0.22 亿 m³。2010 年乌鲁木齐市用水总量为 10.89 亿 m³,其中生活用水中包括 1.39 亿 m³ 的城镇居民生活用水,生态用水主要是城镇环境补水和农村生态补水。2010 年乌鲁木齐市水资源利用状况见表 1-1。

表 1-1 2010 年乌鲁木齐市水资源利用状况

	总供水量/亿 m³				总用水量/亿 m³				
	地表水源	地下水源	其他水源	合计	农业	工业	生活	生态	合计
水量	5.70	4.97	0.22	10.89	7.01	1.96	1.50	0.42	10.89
比例/%	52.3	45.6	2.1		64.4	18.0	13.8	3.9	

随着社会经济的快速发展,乌鲁木齐市水资源的需求不断提高,水资源开发利用率大幅上升,近年的开发利用量甚至超过区域的来水总量,区域发展与水资源之间的矛盾日益加剧。2010 年水资源开发利用率达 115.98%。水资源开发利用率的增长以地下水为主,2010 年地下水开发利用率达 123.33%,地下水利用量不仅大大超过可开采量,甚至超过了区域地下水补给量;地表水开发利用率总体处于 30%~60%,波动不大,2010 年达 62.68%。可见,乌鲁木齐市的用水量已达到供水量的极限,水资源的匮乏致使地下水超采严重,水资源供需矛盾已十分突出;水资源开发利用程度逐年加强,水资源开发利用潜力则相应减弱。今后,乌鲁木齐市的缺水量仍会持续加大,特别是夏季用水高峰期,城市日用水量增加,供水能力严重不足,日供水缺口达到 15 万~20 万 m³。据相关统计,2015 年乌鲁木齐市缺水量达到 1.2 亿 m³,2020 年乌鲁木齐市的缺水量可达到 3.8 亿 m³。水资源短缺是制约乌鲁木齐进一步发展的重要因素。

面对严峻的水资源短缺问题,寻找可靠稳定的新水源显得尤为重要。城镇污水处理厂的再生水是当前国际公认的第二水源。在大力发展农业节水技术的同时,将再生水资源用于灌溉是干旱区农业可持续发展的最佳选择之一,从西部干旱缺水地区的发展现状来看,城镇污水处理能力逐年提高,再生水量持续上升,对再生水进行必要的前处理,并通过地下水这一天然单元进行有效存储,待到农业用水需求时取水进行必要的后处理开展灌溉,可以大大减轻对农业水资源需求的压力,对实现新疆干旱区再生水循环利用和农业水资源安全具有重要意义。

1.1.1.2 水环境状况

与 2006 年全疆地下水开采量 57 亿 m³ 相比,地下水开采量年均增加 11

亿 m^3。目前国务院已经推行最严格的"三条红线制度",根据自治区确定的"三条红线"用水总量控制指标,地下水开采量为 75 亿 m^3,而 2012 年实际开采量是 111 亿 m^3,超出限额达 48%。地下水的严重超采,导致区域地下水水位明显下降、水环境恶化、生态环境退化加剧。一方面,长期以来,由于未经处理的工业废水以及城市生活污水直接排入地表水,造成地表水体的严重污染。经检测,乌鲁木齐河细菌总数和大肠菌群超标,头屯河 pH 值、SS、氨氮、细菌总数和大肠菌群超标,水磨河污染更为严重,超标项目达到 5~7 项,连农灌标准也达不到。乌鲁木齐市地区河床多为砂砾构成,渗漏严重,被污染的河水沿途渗入地下,又对地下水产生明显的污染影响。另一方面,近年来,为解决水资源供需平衡,乌鲁木齐地下水开采量逐年增加,致使地下水水位不断下降,地下水水质恶化严重。根据地下水动态监测结果,乌鲁木齐市地下水水位呈下降趋势,下降最严重的区域每年降幅约在 1 m 以上,市区地下水水位比 20 世纪 60 年代下降了 5~14 m。由于地下水超采,导致 1992 年建立的柴窝堡地下水水源地水水位持续下降,从 1995 年至 2006 年柴窝堡水源地地下水水位下降 6 m。以乌鲁木齐最重要的水源地——柴窝堡湖为例,20 世纪 90 年代初,柴窝堡湖湖面面积 30 km^2,随着地下水的大量开采利用,柴窝堡湖水量也越来越少。至 2010 年,柴窝堡水源地已形成 87.68 km^2 的漏斗区,地下水水位下降了 8~12 m。目前,柴窝堡湖湖岸后退达 20 m,湖面面积减少了近 10 km^2。同时,柴窝堡小西湖已干枯,柴窝堡湖周边湿地面积减少了 300 多 km^2,草场呈现严重的沙漠化、盐碱化,形势严峻。同时,2010 年新疆维吾尔自治区环境状况公报显示:乌鲁木齐市地下水水质达标率仅为 50%。地下水超采还诱导区域严重污染的地下水补给至开采区,使开采区地下水硬度、硝酸盐氮、硫酸根、氯离子升高,从而加剧了地下水污染和柴窝堡湖周边生态环境的恶化。在地下水严重超采区域,可以考虑人工补给地下含水层,这也是增加地下水资源、控制和提高地下水水位,防止因地下水水位大幅度下降导致的水质恶化、地面下沉等不良后果的重要手段之一。

1.1.1.3　污水资源利用现状

根据乌鲁木齐市水资源公报数据,2011 年废污水排放总量 2.15 亿 m^3,来源主要是城镇居民生活污水和工业废水,其中工业废水约 0.52 亿 m^3,生活污水约 1.63 亿 m^3。进入城市市政排水管线末端废污水处理量 1.43 亿 m^3,占排放总量的 66.5%。城市污水集中处理后用于农灌、绿化及工业 5 276 万 m^3(其中完全接纳 2 263 万 m^3),占总处理量的 37.0%,占废污水总量的 24.5%。

乌鲁木齐市再生水主要用于农业灌溉、城市绿化与景观用水,仅占总供水量的 2.1%。由于再生水利用设施不完善,导致城市再生水利用率低下。据调查,乌鲁木齐城市污水日处理能力已达 70 万 m^3,但仍有接近一半的废污水未经处理直接排向下游的沙坑,或进入头屯河、水磨河和安宁渠,最终进入青格达湖。此外,还存在城市夏季水资源紧缺而冬季废污水白白浪费的问题。因此,乌鲁木齐市水资源的循环利用程度不高,污水处理率与再生水利用率亟待提高。

　　2010 年,新疆全区建有城镇污水处理厂 93 座,总设计处理能力 213.16 万 t/d。其中,二级城镇污水处理厂 32 座,设计处理能力 152.2 万 t/d。全区城镇污水处理厂废水集中处理量 3.83 亿 t,其中处理工业废水 0.32 亿 t,处理生活污水 3.51 亿 t。经集中排污口排入外环境的废水量 5.38 亿 t,其中排入地表水体的废水 1.93 亿 t,污灌农田 0.76 亿 t,排入荒漠 2.69 亿 t。新疆大部分城市的再生水利用刚刚起步,甚至还没有启动,城镇再生水资源还有巨大的空间和潜力有待开发利用。随着城市污水处理设施的不断完善,处理技术在可靠性方面已经有了较大的提高。城镇污水处理厂的再生水具有量大集中、水质水量相对稳定的特点,经过不同深度处理的再生水,可以成为潜在的农业灌溉水源。

　　再生水利用的一个主要方向是农业灌溉和生态环境用水,而农业灌溉的季节性很强,需要有一个较大的再生水存储空间。在干旱区,如果再生水资源没有存储好而被蒸发损失,会直接影响再生水利用率,因此将再生水回灌至地下含水层,形成地下水银行,有望成为未来解决干旱区农业水资源危机的重要战略性措施之一。

1.1.2　再生水补给地下含水层的优势

1.1.2.1　再生水补给地下含水层是再生水利用的前沿领域

　　水资源短缺、水资源的利用效率和水污染形势严峻是造成水资源危机的主要原因。提高水资源利用效率、加强水环境治理和严格水资源管理是解决水资源危机的主要出路。相比较其他的污水资源化手段,再生水利用是一个可行性较高的手段之一。利用再生水补给地下含水层是缓解区域水资源紧缺的重要手段,也是再生水利用的前沿领域。

　　目前,日本、美国、以色列等国城市污水再生利用已非常普及。在美国,再生水作为一种合法的替代水源,成为城市水资源的重要组成部分。我国于 2015 年出台的《水污染防治行动计划》中,提到:促进再生水利用,以缺水及水污染严重地区城市为重点,完善再生水利用设施,并将再生水等非常规水源纳入水资源统一配置。这将再生水等非常规水源利用提到了非常重要的地位。2022 年,国家发展改革委员会、住房和城乡建设部印发《"十四五"城镇污水处理及资源化利用发展规划》(简称《规划》),《规划》明确,加强再生利用设施建设,推进污水资源化利用。《规划》明确,到 2025 年,全国地级及以上缺水城市再生水利用率达到 25% 以上,京津冀地区达到 35% 以上,黄河流域中下游地级及以上缺水城市力争达到 30%。再生水补给地下含水层将是再生水利用的长期发展,也是其发展的前沿领域。

在极端干旱缺水的新疆,再生水利用才刚刚起步,在再生水补给地下水领域更是没有相关研究与工程实践。若能将深度处理后的再生水,经 SAT 系统回灌地下再抽取使用,将有利于缓解城市水资源紧缺、水重复利用率低、地下水超采、水环境恶化等矛盾,对新疆可持续发展具有重要意义。在此,针对新疆城市各类水资源供需矛盾突出的问题,以乌鲁木齐市为例,对新疆干旱区利用再生水补给地下含水层的可行性进行初步探讨,以期为新疆再生水安全利用研究提供依据。

1.1.2.2　再生水补给地下含水层的优势

1. 缓解水资源紧缺

国内外研究与实践已证明,城镇废污水只要处理得当就可以成为可靠的城市第二水源,在城市用水中,再生水是一种具有重要发展潜力的水资源。在干旱缺水地区,再生水的应用更是解决供水危机的有效途径。开展再生水利用,不仅可以节省天然水的消耗量,缓解乌鲁木齐市供水紧张的状况,而且可在一定程度上减少废污水排放,对改善城市水环境质量也具有重要意义。随着城市化进程的加快及地下水的过度开采,新疆的地下水水位普遍下降,地下水资源缺口愈演愈烈。地下含水层具有很大的蓄水容量,可避免蒸发损失,是天然的储水设施,将城镇再生水涵养补给地下水,可以利用土壤层深度净化再生水,在丰水季节大量补给地下水,扩大水资源储备,减缓地下水水位下降趋势,对地层结构的稳定性起着重要的维持作用。将再生水回灌地下水可调蓄地下水量并有一定的水质净化作用,对农业用水的供需分配有着重要的调节作用且管理灵活,对干旱区意义重大。

2. 提高水重复利用率

乌鲁木齐再生水利用中存在供需季节分配不均的问题,现有的污水处理设施处理后的再生水,夏季不够用,而冬季因无农业及基建、绿化用水,处理后的再生水只能白白浪费;现有投入使用的再生水利用工程,均处于示范试验阶段,尚未形成规模。因此,要更大限度地利用再生水,就需解决再生水储存的问题。国内外研究与实践也已证明,再生水补给地下含水层是实现可持续水资源管理的重要途径。将处理达标后的再生水回补地下水,根据需要实现冬季储存、夏季抽取利用,或异地取水利用,将是提高城市水重复利用率的最佳手段。

3. 改善水环境

冬季若能将城镇废污水进行深度处理并达到地下水回灌标准后回灌于地下,通过储存再生水、补充地下水源,将有助于防止地面沉降,恢复和维持区域地下水量平衡,减少污水对下游生态环境的破坏。此外,再生水补给地下含水层后,可通过土壤的过滤、截留、物理和化学吸附、化学分解、生物氧化以及生物的吸收等作用对再生水中的污染物进一步综合净化,去除水中有害物质和病原微生物,提高了再生水利用的安全性,其环境效益将十分显著。这种土壤含水层处理技术,具有设备简单、投资少、能耗低、操作管理方便,且净化效果良好等优点,经济效益与社会效益也很可观。

1.1.3 干旱区再生水地下储存模式及其安全性诸多问题亟待解决

利用再生水补给地下含水层是一项系统工程,在干旱区开展这项工作,需要研究以下几个方面的问题。

1.1.3.1 再生水水质保证

针对再生水水质状况,很多国家都对回灌地下的再生水提出了水质要求,以保障再生水的水质达标。目前美国已有超过 25 个州通过了再生水回用的有关规章制度,其中部分州推出了具体的指导方针。日本再生水形成了一套完整的政策标准体系。加利福尼亚州关于再生水颁布了一系列的法律规范。新加坡的再生水和饮用水执行同一标准。以色列颁布了一系列与水资源有关的法律法规来保障再生水水质。国际上为保证再生水水质安全,欧盟、美国环境保护局(USEPA)、世界卫生组织,均对再生水出台了相应的法律法规和利用指南。

我国根据再生水的不同用途,颁布了各类水质标准和规范,其中针对再生水补给地下水有:《城市污水再生利用 地下水回灌水质》(GB/T 19772—2005)、《再生水水质标准》(SL 368—2006)、《城镇污水再生利用技术指南(试行)》。这些标准与规范促进了世界各国对再生水的利用,但在新疆干旱区采取再生水回灌,现行的水质标准和废水排放指标是否满足控制水质、保护人类健康和生态环境的需要,尚缺少科学研究。

新疆有大量的非适耕土地,具备开展较大处理水量的包气带土壤层处理技术的天然条件,急需开展重要污染物指标对土壤、农作物、地下水以及水体功能的影响分析,建立农业用水安全的评价指标体系。影响土壤安全性的因素可以分为严重毒害土壤因素组和影响土壤理化性能与肥力因素组;影响农作物安全性的因素可以分为农作物累积污染物因素组和阻碍作物生长因素组;影响地下水安全性的因素可以分为对人或动物有毒害作用因素组、地下水常规理化指标因素组、生物污染因素组和放射性污染因素组;影响水体功能安全的因素可以分为常规理化指标因素组、毒害指标因素组和微生物因子因素组。应根据新疆干旱区农灌的具体情况,建立合理的评价模型,为保障农业用水水质安全提供科学参考。

1.1.3.2　污水处理工艺与技术

不同的污水处理工艺与技术对各类污染物的去除效果是不同的,应通过试验对比,优选适合新疆干旱区的污水处理与再生水深度处理技术,或几种处理技术和工艺的组合,使深度处理后的再生水符合补给地下含水层的要求。再生水深度处理工艺通常采用化学混凝沉淀(气浮)、过滤、吸附、化学氧化、生物脱氮除磷、膜处理、脱盐、消毒等,必须根据二级污水处理厂的出水水质和技术经济条件选择再生水处理工艺,要求技术合理,经济可行。

1.1.3.3　再生水回灌工程选址

再生水回灌工程选址需要考虑的因素很多,包括水源输送、场地大小、土地利用、地形、地表径流、气象、土壤、水文地质以及建设成本等。选址前需要对现场进行勘探与调查,调查的项目包括再生水的组成成分、土壤岩性、物理与化学性质、水力学性质,含水层的水力学性质以及地下水特性等。作为储蓄和消纳再生水的地下空间,含水层的水文地质条件应有利于进行人工补给,具有良好的入渗途径及储水空间。

1.1.3.4　再生水地下储存模式的选择

再生水补给地下含水层是一项系统工程,其中地下储存模式或回灌方式的选择不仅取决于含水层地质构造、水文地质、气象、土壤条件等,还需综合考虑工程投资与效益,以及对区域环境与生态造成的影响。为此,应研究制定经济合理的再生水补给地下含水层方案,划定回灌范围,确定回灌方式、回灌量和回灌水水质等。如在新疆采取地表渗滤回灌方式时,就需要考虑干旱区蒸发量大对补给水量和某些污染物组分浓度的影响。

1.1.3.5　含水层水质变化

再生水补给地下含水层后,需要掌握地下水动态变化,重点研究干旱区含水层水质在渗透、渗流和地下水域之间的变化情况,补给过程对地下水水质及含水层环境的影响。若采用土壤含水层处理(SAT)系统,需要研究干旱区SAT机制、土壤含水层对再生水污染物的最大环境容量以及SAT的处理效果等。地下水具有生态脆弱性,一旦被污染,治理技术难度大、恢复代价昂贵、修复周期漫长,因此再生水补给地下水必须以不污染地下水和不引起地下水区域性恶化为前提。新疆的城镇污水厂二级处理后的出水BOD、COD、SS明显降低,能否直接补给地下水仍需要慎重分析。我国在地下水回灌的水质标准、技术规范、管理经验方面存在不足,影响再生水回灌地下水的工程实践。研究再生水回灌地下水的水质指标及控制技术,防止地下水污染,是解决再生水地下储存的关键环节。

1.1.3.6 再生水补给地下含水层的风险评价

尽管再生水水质满足回灌要求,但在长期补给地下含水层之后,再生水中所含有的污染物残余在积累过程中也可能产生一定的水质安全问题。即使是我国现行的《城市污水再生利用 地下水回灌水质》(GB/T 19772—2005)也并未对潜在的间接的饮用水做出相应的规定,同时也没有准确限定再生水的有毒有害物质的含量,该标准的内容还相对滞后。因此,在干旱区利用再生水补给地下含水层,更有必要对回灌后的区域环境健康与生态安全做好风险预测评估,为制定相应的环境健康风险与生态风险防控对策提供依据。

1.2 国内外研究进展

1.2.1 概述

地下水回灌是人为有计划地回灌补给地下水的活动,通常指将多余的地表水、雨洪水或再生水通过地表渗滤或回灌井注水,或者通过人工系统人为改变天然渗滤条件,将水从地面输送到地下水含水层中储存起来,随后同地下水一起作为新的水源开发利用。

再生水是指城市污水、废水等经适当处理后,达到一定的水质标准,满足某种使用要求,可以在一定范围内进行有益使用的非饮用水。再生水水质介于污水和饮用水之间,由于城市污水数量巨大、稳定、不受气候和其他自然条件影响,使再生水成为城市可靠的水资源。使再生水适用于城市景观和国民生活的诸多方面,再生水的合理利用可以提高水资源综合利用率、减轻水体污染,具有可观的社会效益、环境效益和经济效益,是解决水资源危机问题的重要途径之一。

　　再生水地下储存就是利用城市再生水补给地下含水层。采用再生水进行地下水回灌补给,必须从水量和水质上进行科学管理,其中回灌模式和水质安全控制体系是开展地下水回灌工程的重要方面。地下含水层具有蓄水和供水的功能,在回灌水渗滤进入土壤并向下渗透到各种地质构造时发生自净作用。将再生水经过深度处理后,回灌于地下适宜的含水层中,含水层便起到了地下水库的作用。在多雨季节和用水低谷期,将再生水通过渗滤池或注水井回灌于地下,在枯水季节和用水高峰期提升利用,地下含水层便成为储蓄水的银行。与地面水库相比,地下水库不占地面,没有不良的生态影响,很少或几乎没有蒸发损失,不影响地表土层和植物,蓄水容量大,成本低,操作简单,容易实施。除此之外,利用含水层蓄水可以水力阻拦海水入渗,减少或防止地下水水位下降,保持取水构筑物的出水能力并能起到控制或防止地面沉降及预防地震的作用。但是,在设计、施工和运营回灌工程时,地下水回灌仍存在潜在的不足之处,如建设回灌工程的场地、土壤与植被易受扰动,影响周边生态环境;回灌水的水质如果劣于含水层将影响含水层的质量;经济及管理成本与回灌水的水量与水质密切相关,需要进行合理科学的评估和规划。

1.2.2　再生水循环利用模式研究

　　发达国家在再生水循环利用方面一直走在世界前列。以美国为例,美国环境保护署十分重视污水回用的系统性研究和技术规范化工作,从 20 世纪 80 年代后期起投入人力、资金和技术力量对相关科学问题进行专题研究,1992 年制订了污水回用指南(Guidelines for Water Reuse),对污水回用系统、技术、用途、水质标准等做了具体的规定;1998 年进一步制订了节水计划指南(Water Conservation Plan Guidelines),强调用水管理、节水措施、污水回用等多个环节的规范化管理和技术指导,强调用节水和污水再利用的方法解决水资源的供需矛盾。由于美国工业废水的回收利用大都在工业企业内部解决,回收利用率已经很高,排放量呈逐年下降的趋势,因此水资源再生利用主要注重于城市污水处理出水的资源化和再利用。在以色列,工业用水已做到了最大限度的循环利用,并尽可能使用非饮用水水源,在保证生活水平的前提下,生活用水已通过普及节水用具等措施最大限度地避免了浪费,给水管网漏水率为世界最低水平,农业灌溉的单产用水量为世界最低水平,城市集中下水道的生活污水全部进行二级以上处理,污水再生利用率达到 60% 以上,其中有一半的水量实际上已处理到生活用水的水质,可以满足较大范围的使用目的,其经验受到全世界的注目。

　　与发达国家相比,我国在再生水循环利用的系统规划和相关的水处理技术上都缺乏较深入的研究。目前针对再生水利用的研究涉及再生水灌溉绿地草坪的影响、再生水与天然水或自来水优化配置、再生水灌溉条件下作物对水分与氮素利用效率的影响、再生水对土壤理化性质影响、再生水对土壤-作物中重金属分布影响、再生水对草坪草生长速率和生理生化特性及质量影响等。再生水利用在我国还有许多领域未涉足,尤其是针对干旱区的再生水利用特征仍然缺乏深入研究。

1.2.3　再生水回灌工程与技术研究

　　近年来随着世界各国水资源危机加剧,越来越多的国家和地区开始重视再生水的利用,再生水被广泛应用于工业、农业、城市绿化、景观、补给地下水及市政杂用等用途。目前一些发达国家已经把再生水利用作为解决水资源短缺的重要战略之一,如美国、以色列、日本及西欧等许多国家在再生水利用方面都开展了大量实践工作,取得了丰富的经验。新加坡、以色列、纳米比亚等个别缺水国家(和城市)甚至将再生水回用于生活饮用水。我国也有许多城市实现了污水再生利用。

　　利用再生水补给地下水是再生水利用的重要方式之一和前沿领域,也是缓解区域水资源紧缺和由于地下水超采导致的含水层枯竭问题的有效手段。早在20世纪70年代国外就开始了再生水地表入渗回灌利用研究,采用的方式主要是土壤含水层处理(Soil Aquifer Treatment,SAT)系统,其中比较著名的是以色列的 Dan Region 工程,利用土壤-含水层的自然净化能力替代昂贵的污水深度处理技术,进一步去除污水中的悬浮物、微生物、COD、BOD、N、P、微量重金属等污染组分,以获得优质再生水用于除饮用以外的其他目的,因而早期的研究多集中于 SAT 系统作为深度处理技术对水质改善的效果上。随着地下水开采加剧,含水层水资源枯竭问题突显,SAT 系统的应用不再局限于替代深度处理,而是进一步扩展到增补饮用和非饮用地下水水源等方面。同时,利用河道、沟渠、坑塘等进行连续入渗回灌也得到了应用和发展,如美国、以色列、比利时、芬兰等国的回灌工程推动了地下水回灌技术的快速发展。

　　1983年 Pyne 提出了含水层储存和回采(Aquifer Storage and Recovery,ASR)的概念,这一概念最早是指利用地下含水层储存调整功能,回灌(井管或渗灌)储存丰水期过剩的天然水,枯水期再抽出利用,实现地表水与地下水的联合调蓄。后来,再生水也加入到回灌用水的行列。自20世纪80年代以来美国开始实施 ASR 工程计划,在干旱和半干旱地区推广 ASR 技术,至今 ASR

工程已超过 100 个。英国从 20 世纪 90 年代开始关注 ASR 技术,并于 1998 年完成在英格兰和威尔士推行该技术的区域潜力研究。Sheng 进一步拓展 ASR 的概念,将其定义为将处理或未处理的地表水、再生水通过入渗盆地、渗滤廊道、回灌井等方式回灌至合适的含水层,然后通过回灌井或者附近的生产井部分或全部地抽出利用,或者以增加河道基流方式排泄维持河流生态。当然,ASR 也存在一些值得关注的问题,如美国环保署(EPA)提出的诸如回用与回灌效益比、注入水源可靠性、注入速率和注入压力、上下含水层影响、注入含水层后的效果、注入井的密度、成井结构与注入效果的关系、水权结构、地下水恢复效果、回灌井堵塞问题以及法规约束等一系列问题。因此,在建设 ASR 工程系统的同时,需要进一步开展地球化学、含水层水力学及压力响应、含水层结构再确认等诸多方面的综合研究。

随着人工回灌地下水的发展,地下含水层的补给逐渐变为可管理的措施或手段,国际上统一称为人工含水层补给管理(Managed Aquifer Recharge,MAR)。MAR 也称为地下含水层补给与储存或人工回灌,其方式包括河岸入渗、河床入渗、渗滤池、回灌井等,利用天然河水、雨洪水、城市污水或再生水补充地下水储存量,并达到保护和改善水质、缓解水资源紧缺以及水资源综合利用与管理的目的。

我国在 20 世纪 60—70 年代,北京、山东等地开始开展回灌地下水工作,包括利用水库、渠道等补给地下水,还有部分地区应用无害、低害工业废水补给地下水,或拦蓄雨洪水补给地下水。20 世纪 80 年代以来,山东、河北、北京、辽宁、贵州、广西以及南方滨海及岛屿地区等修建了大量地下水库。上海、天津分别在 20 世纪 60、80 年代开始利用深井回灌地下水以控制地面沉降问题,石家庄、新乡、聊城等地也先后进行了人工引渗补给浅层地下水的试验工程,以补充调节地下水资源,实现"冬灌夏用",但大多数是利用地表水进行回灌。再生水补给地下水的研究相对滞后,实际工程应用很少,远不能满足再生水安全回灌的要求。近年来北京在这方面研究较多,并有一定的实践经验,但要推广应用尚有许多问题需要解决。总体上,国内在综合考虑水质安全目标的前提下,有目的和针对性地利用雨洪水和再生水回灌地下水则起步较晚。目前,国内已经有若干实际运行的地下水回灌工程,但在工程运行的技术和管理方面尚不完善,尤其是针对水质的控制仍然缺少科学管理。我国北方地区缺水严重,将丰水期的水存储于地下含水层,构建地下水库作为备用水源,已经得到广泛重视和普及。

1.2.4　再生水地下储存对污染物的去除研究

1.2.4.1　包气带土壤层和含水层处理系统对再生水的净化

　　包气带土壤层和含水层处理系统,简称 SAT 系统。已有研究表明,包气带土壤层是净化水质的主要屏障,含水层的贡献则相对较小。Quanrud 等通过对美国亚利桑那 Tucson 的 SAT 系统开展研究,发现溶解性有机碳(DOC)的去除主要发生在渗滤池底部以下 3 m 的范围内,去除的 DOC 组分主要为亲水性强、易生物降解的溶解性有机物。Rauch-Williams 等发现 SAT 系统生物膜含量与可生物降解有机碳(BOC)之间存在显著正相关关系,SAT 系统对于 BOC 的去除主要发生在 30 cm 土壤深度范围内,这里也是土壤生物膜含量最高的层位。Lin 等研究了以色列 Dan Region 工程 SAT 系统长期运行过程中土壤渗滤介质有机质的变化规律,有机质的积累主要出现在渗滤池底部以下 0.9 m 的范围内,在长期运行过程中再生水输入的有机质大部分在土壤介质中被降解去除,SAT 系统垂向入渗对于 DOC 的去除达到了 70%~90%,而含水层中的水平径流仅去除 10% 左右 DOC。

1.2.4.2　再生水中溶解性有机物的组成与去除

　　尽管 SAT 系统会对再生水水质起到一定的净化作用,污染含水层的风险依然存在。再生水中的 DOC 由众多复杂的有机化合物组成,可能包括内分泌干扰物、环境雌激素以及形成消毒副产物的前置有机物等。Zhang 等采用树脂吸附层析技术分离了再生水中的 DOM,结果显示,有机酸是 DOM 的主要组成部分,占 52%,表现出较高的消毒副产物生成潜能。Mah-joub 等发现再生水回灌过程中土壤中含有雌激素受体、芳香烃受体、孕烷 X 受体等内分泌干扰物,在回灌过程中未能将其有效去除。Westerhoff 等通过室内柱实验模拟研究了入渗回灌对 DOC 的去除,发现小分子、低芳香性的 DOC 容易被降解去除。

1.2.4.3　再生水中病原微生物的去除及风险

　　再生水中的病原微生物是否会污染到地下含水层备受关注。地表渗滤回灌多以开放形式蓄积再生水于河道、沟渠或坑塘中,易导致病原微生物的滋生。为防止这一问题出现,《城市污水再生利用　地下水回灌水质》(GB/T 19772—2005)中规定:回灌水在被抽取利用前,应在地下停留足够的时间,以进一步杀灭病原微生物,保证卫生安全。采用地表回灌的方式进行回灌,回灌水在被抽取利用前,应在地下停留 6 个月以上。采用井灌的方式进行回灌,回灌水在被抽取利用前,应在地下停留 12 个月以上。Page 等研究评估了墨西哥、澳大利亚、南非、比利时再生水地下水回灌处理工程对病原微生物的去除效果。结果表明,回灌水中病原微生物数量以及回灌水在含水层中的停留时间是影响风险的主要因素。

在干旱区开展地下水回灌,面临很多新问题,包气带土壤层中主要污染物的迁移、去除过程是关注的重点问题。了解干旱区包气带土壤特征和微生物特征,了解包气带土壤层的水力学特征及污染物的去除效率,筛选合适的地下储存模式,需要进一步开展深入研究。

1.2.5　再生水地下储存健康与生态风险研究

再生水地下储存对地下水的影响以及可能导致的区域健康与生态风险可以通过两种途径实现:一是再生水直接用于回灌补充地下水,二是再生水用于土地灌溉,污染物随水分渗滤进入地下含水层。目前,国内外在再生水灌溉对植物生长、土壤质量、地下水质量的影响以及安全灌水技术方面的研究较多,这方面的研究也反映了再生水地下储存可能导致的健康与生态风险。

1.2.5.1　对植物生长的危害风险研究

研究再生水灌溉对根冠生长、收获部位产量与品质的影响规律是开展再生水适宜灌溉的作物筛选的基础性工作。Al-Lahham 等发现,在再生水沟灌条件下西红柿果实体积和质量显著增加,产量增加得益于再生水中含有丰富的营养元素。再生水灌溉莴苣、胡萝卜、白菜、芹菜、菠菜、番茄等蔬菜与常规水肥灌溉获得了相似的产量和品质,再生水灌溉苜蓿、芦苇草、雀麦草、阿尔泰野生黑麦、高麦草,可以促使土壤含氮量增加,提高作物产量。再生水灌溉可致向日葵叶片氮素富集,Ca^{2+}、Mg^{2+}、Cl^- 含量也出现累积效应。再生水灌溉草种可以获得更好的产量与品质,可以节肥 32%~81%。再生水在果园也得到成功利用,再生水中磷、钾、镁、铁等营养元素可以满足葡萄生长的需要,但是叶片磷、钾含量增加会对葡萄生长带来潜在危害。

1.2.5.2　对土壤质量的危害风险研究

再生水灌溉对土壤质量影响直接关系到土壤的生产能力和土壤生态平衡,目前国内外研究重点包括再生水灌溉对土壤结构、孔隙率、导水率等物理性质的影响,以及对重金属、持久性有机污染物、盐分、养分等化学性质与土壤微生物群落的影响等方面。

再生水表面活性剂含量较高时对土壤入渗性能与毛管张力有显著影响。长期再生水灌溉对土壤孔隙率和镁含量造成影响,造成土壤密实度增加,对营养物的吸持能力下降。在长期再生水灌溉条件下土壤 Cd、Pd 等重金属的累积问题不容忽视。再生水灌溉一般不会改变土壤 pH 值,但是当再生水中含有丰富的营养元素和盐分时会导致 pH 值升高。对美国干旱与半干旱地区 5 处再生水灌溉与 5 处地表水灌溉的高尔夫球场绿地进行对比试验发现,土壤 EC 值与钠吸附比分别增加 187% 和 481%,土壤中钠、硼分别增加 200% 和 40%,土壤 pH 值增加 0.3 个单位,土壤有机质无显著变化,研究区域为干旱少雨地区,土壤蒸发强烈,土壤盐分累积较明显,干旱少雨地区盐分累积是再生水灌溉的主要问题之一。

在再生水灌溉条件下土壤氮素的利用效率研究不断受到重视。在再生水灌溉条件下随着 NO_3-N 浓度增加、土壤含氧量减少,更加有利于发生反硝化作用,可增强 2~50 倍。

1.2.5.3　对地下水质量的危害风险研究

再生水灌溉利用应当防止其对地下水的污染。地下水的防污性能与包气带岩性、地下水力学特征、再生水灌溉制度、灌区工程布置等有关,再生水中钠含量较高,在灌溉入渗补给地下水的过程中,Na^+、Ca^{2+} 发生离子交换反应,导致地下水中盐分增加。

1.2.5.4　再生水安全灌水技术研究

以色列农业再生水利用工程包括预处理工程、水源调蓄工程和节水灌溉工程等 3 部分,利用 SAT 系统处理技术开展再生水回灌地下水,实现季节性调蓄,促进了再生水的高效利用。澳大利亚墨尔本 Weribee 农场通过土地渗滤、地表渗流、氧化塘等方法对污水进行渗滤处理,对生化需氧量、悬浮物、有机碳、N、P、Zn、Cu、Pb 等去除率达到 94%~99%,对 Cr、Cd、Hg、Ni 去除率达到 75%~90%,改善再生水水质将有力促进再生水的安全利用。再生水滴灌技术可以减少灌溉水与人群接触的机会,地面滴灌处理地面细菌总数远高于地下滴灌处理,地下滴灌可以有效减少细菌在叶片的累积,实现再生水安全灌溉。为了推动再生水的安全灌溉,美国、澳大利亚、新西兰、以色列、加拿大、FAO、WHO 等国家或国际组织制定了相关标准规范,对再生水水质、适宜作物类型、灌溉方式、灌区管理、警示标识、管网布置、灌区缓冲距离等均有详细的规定。

1.2.6　再生水水质标准及地下水回灌的工程技术规范

许多国家对回灌地下的再生水都提出了水质要求,如德国要求回灌水质应不低于当地的地下水水质,以色列规定用于回灌的再生水优于饮用水标准。目前美国还没有直接针对再生水利用的全国性法规,只有一个推荐性的《污水回用指南 2012》,其中指出,各州在推荐指南的基础上,根据本州水资源的实际需求,规定必须在保护环境、有价回用,以及公众健康的前提下,设计、建设和运行再生水工程。许多州也颁布了各自的再生水法规或指南。加利福尼亚州关于再生水颁布了一系列的法律规范,包括《California Water Code,2011》(加州水法)、《California Code of Regulation,2013》(加州管制法)、《California Safe Drinking Water Act》(加州安全饮用水法)、《California Health and Safe Code,2011》(加州卫生安全法)等。新加坡的水质监控追求的是水质的绝对安全。新加坡的再生水和饮用水执行同一标准,既包含了世界卫生组织《饮用水水质指引》,又考虑了新加坡的供水安全。该标准共有 292 项指标,既高于美国环境保护局(USEPA)制定的 97 项指标,又高于世界卫生组织制定的116 项指标。日本再生水利用行政主管部门、地方政府和行业协会等组织,分别制定了相关的指南、规定、纲要和条例,形成了一套完整的政策标准体系。这些政策标准主要有:《污水处理水循环利用技术方针》《冲厕用水、绿化用水:污水处理水循环利用指南》《污水处理水中景观、戏水用水水质指南》《再生水利用事业实施纲要》《再生水利用下水道事业条例》《污水处理水的再利用水质标准等相关指南》《污水处理水循环利用技术指南》《污水处理水中景观、亲水用水水质指南》等再生水水质标准。以色列 1959 年出台《水法》,对国家水资源的所有权、开采权和管理权等作出了明确规定。根据这一法律,全国水资源为公有财产,由国家统一配发使用,任何单位和个人不得擅自开采。《水法》还特别规定,私人土地上的水资源也属于公有。此后,以色列又颁布了《水井法》《河溪法》等一系列与水资源有关的法律法规。

为保证再生水水质安全,2000 年欧盟统一出台了《水框架指令》(Water Framework Directive),2004 年美国环境保护局(USEPA)出版的《再生水利用导则》(Guidelines for Water Reuse)中也严格规定,潜在饮用水的回灌水水质至少要求能达到饮用水水质。2006 年世界卫生组织出台了《世界卫生组织污水安全利用指南》(WHO Guidelines for the Safe Use of Wastewater)。2009 年澳大利亚通过了 MAR 国家指南(Australian Guidelines for Water Recycling:Managed Aquifer Recharge),为 MAR 项目的评估提供了方法和相关管理监测措施。

我国根据再生水的不同用途,颁布了各类水质标准和规范,其中针对再生水补给地下水的有《城市污水再生利用　地下水回灌水质》(GB/T 19772—2005)、《再生水水质标准》(SL 368—2006)、《城镇污水再生利用技术指南(试行)》。这些标准与规范促进了世界各国对再生水的利用,但在新疆干旱区采取再生水回灌,现行的水质标准和废水排放指标是否满足控制水质、保护人类健康和生态环境的需要,以及再生水深度处理后的水质达到什么标准才能使回灌工程效益最大限度地发挥,是需要重点研究的问题。

在极端干旱缺水的新疆,再生水利用才刚刚起步,在再生水补给地下水领域更没有相关研究与工程实践。若能将深度处理后的再生水,经 SAT 系统回灌地下再抽取使用,将有利于缓解城市水资源紧缺、水重复利用率低、地下水超采、水环境恶化等矛盾,对新疆可持续发展具有重要意义。针对新疆干旱区的实际情况,在国内外现有研究基础之上,需要进一步研究再生水回灌后主要污染物在区域土壤及地下水中的迁移转化机制,以此筛选和确定针对新疆干旱区再生水回灌的主要水质安全指标。根据再生水灌溉条件下可能产生的健康与生态风险,开展再生水地下储存模式及其健康与生态风险分级量化研究,从而明确关键的风险控制因素,提出风险控制对策或措施,以确保再生水用水安全。该研究对于指导干旱区利用再生水资源具有一定的科学价值。

1.3　研究目标、内容与拟解决的关键问题

1.3.1　研究目标

结合新疆干旱区实际情况,筛选适宜的再生水地下储存模式,通过分析再生水回灌后,主要污染物在干旱区包气带土壤层和地下水含水层中的迁移转化机制,分析再生水回灌区域土壤环境与地下水环境的变化及存在的生态风险,分析再生水回灌导致的健康风险。由此,提出适用于干旱区水循环和水资源安全的再生水利用与地下储存技术方案,明确再生水回灌的生态风险与健康风险的控制因素,并提出相应的控制对策,为今后研究适宜的回用方式及再生水回灌工程的运行和维护打下基础,为新疆干旱区再生水利用及水资源安全提供技术支撑。

1.3.2　研究内容

1.3.2.1　干旱区再生水地下储存模式研究

地下水人工回灌主要有两种方式:地面入渗法和管井注入法(只考虑回灌潜水含水层)。本研究通过测定干旱区包气带土壤层与地下水含水层的相关特征参数,选择边界条件清晰的天然储水构造,结合实验室构建模拟干旱区地下环境的试验,在再生水满足地下水回灌水质标准的前提下,分别采用两种

回灌方式后,土壤层与地下含水层的储存条件,即分析再生水地面入渗回灌后,土壤化学性质变化、潜水含水层水质变化以及土壤层对主要污染物的去除效果;分析地表渗滤回灌和管井注入回灌两种途径下,潜水含水层水质变化。比较两种情况下,含水层储存空间容量、水环境容量与土壤环境容量等,据此筛选适宜于干旱区的再生水回灌与储存模式,并确定再生水回灌方式、储存空间及回灌水量与水质、回灌时间与周期等技术参数。

1.3.2.2　再生水地下储存主要污染物迁移转化机制研究

基于干旱区城镇污水处理现状及再生水水质调查,确定再生水水质特征,采用主成分分析法进行数据分析,确定干旱区再生水重点污染物,为再生水以灌溉为目的的水资源深度处理技术提供依据。

结合现场观测井资料与实验室模拟试验数据,根据选定的地下水储存模式,结合土壤水动力学和地下水动力学理论基础,建立干旱区主要污染物迁移数值模型,利用土壤水或地下水数值模拟软件,开展干旱区主要污染物在包气带土壤层或地下含水层中的迁移转化过程研究,评价与预测再生水回灌后潜水或承压水水质变化,确定再生水回灌的水质安全指标体系,为防止再生水污染土壤和地下水提供技术支撑。若选择潜水含水层作为再生水回灌的储存空间,还需进一步分析包气带土壤层对主要污染物的去除效率。

1.3.2.3　再生水地下储存健康风险与生态风险研究

对水循环过程中的各类水体,开展单项参数与综合参数的分析和总结,借鉴国外的相关水质标准,评价水循环过程中可能造成的重点污染物污染,着重考察水循环过程中由于再生水引入而导致的化学安全与毒理学安全问题。对水资源循环进行过程危害认定,建立剂量–响应关系,进行人类暴露评价与风险表征,确定风险的严重性和发生的可能性。

结合场地调查和试验研究结果,建立再生水地下储存模式的健康风险与生态风险评价模型,对再生水存储于地下并后续用于农业灌溉的全过程进行风险分级,开展量化分析,通过调整地下储存模式,改变主要单元的操作条件,考察预期的风险值,确定风险控制的关键因素及风险控制方法。

1.3.3　拟解决的关键问题

本研究拟解决以下关键问题:

(1)重点污染物在包气带土壤层的迁移转化机制;

(2)再生水地下储存模式的关键风险控制因素及风险控制方法。

1.3.4　研究方案与技术路线

1.3.4.1　研究方案

本书立足于研究新疆干旱区再生水循环利用,构建适用于干旱区的再生水地下储存模式;基于再生水主要污染物在土壤层的迁移转化机制研究,建立再生水回灌的安全水质指标体系,基于再生水地下储存模式的健康风险与生态风险分析,确定健康与生态风险控制关键因素及控制方法。具体方案如下所述。

1. 干旱区再生水地下储存模式研究

利用以野外调研与监测为主、室内模拟试验为辅的手段,考察分析干旱区地下水含水层空间自然条件,选择适宜开发利用的地下水库库区,筛选再生水地下储存模式。

通过野外调研,测定干旱区包气带土壤层的含水率、含盐率、渗透系数,分析包气带土壤层土壤成分、粒径等特征参数,利用分子生物学分析方法考察干旱区的微生物群落结构特征,建立干旱区重要地质条件与微生物特征的参数数据库。参数数据包括干旱区气象水文条件、地形与地表径流、土地使用情况、土壤岩性及物理性质调查(试坑法、钻井法等)、土壤化学性质(黏粒矿物学分析等)、地下水流速、含水层储水量、径流时间、地下水化学性质等。

通过进气式渗透仪法、双环渗水、渗坑试验、筒形渗滤计法,测定干旱区水力学特征,包括饱和水力传导系数、给水度、非饱和水力传导系数、渗滤速度、垂直饱和水力传导系数。通过实验室构建模拟干旱区地下环境,开展比较研究,分析地下水回灌过程中的水力学特征,预测和评价包气带土壤层对污染物的去除效率,筛选合适的再生水储存模式。

2. 再生水地下储存主要污染物迁移转化机制研究

通过现场监测与实验室模拟确定与水质安全相关的主要污染物量化指标及污染物在土壤层和含水层中的迁移转化机制,确定包气带土壤层的水力学特征及污染物去除效率,确定再生水回灌的安全水质指标体系。

当采取地表渗滤法进行再生水回灌时,再生水中污染物的迁移转化分为两个阶段。

第一个阶段是污染物在土壤层中的迁移转化:土壤层的净化过程包括物理化学过程和微生物过程,错综复杂,其中物理化学过程主要包括过滤、吸附、反应、沉淀等;微生物过程主要包括降解、累积等。项目拟采用室内土柱模拟试验,研究再生水中污染物的迁移转化机制和去除率。根据野外试验区土壤条件,试验设置 3 个土柱模型,每个土柱模型注入等量的再生水,渗滤相同时间,试验结束后,分层采集包气带土壤样品,实验室分析再生水污染物控制指标以及土壤颗粒、渗透速率等土壤物理指标。通过土壤中再生水污染物控制指标与物理指标分析研究再生水中污染物的迁移转化机制,通过回灌水质与渗入地下的水质变化分析污染物的去除率。

第二个阶段是污染物在地下水中的迁移转化:通过野外渗滤试验,在渗灌场地设计观察井监测地下水运动及污染物在时间和空间上的迁移情况,结合试验区相应的地质、水文、水质,研究再生水中的污染物在地下水中的迁移转化机制。

当采取井灌注入法进行再生水回灌时,再生水中的污染物只在含水层中进行迁移转化,因此只需研究污染物在地下含水层中的迁移转化机制。此时,通过水文、地质调查,选择试验区域进行野外试验研究,利用观察井监测地下水运动及污染物迁移情况,结合试验区相应的地质、水文、水质,研究再生水中污染物在地下含水层中的迁移转化机制。

3. 再生水地下储存健康风险与生态风险研究

通过对再生水补给地下水过程中重点污染物在土壤包气带中的迁移转化规律、化学安全性,以及对关键技术的可靠性进行分析,综合研究在再生水补给地下水过程中自然活动和人类活动对水质安全带来的影响,定义风险点和监测标准,构建再生水地下储存模式的关键风险控制因素及风险控制方法,合理评价再生水地下储存工程应用的可行性。

以风险度作为评价指标,将环境污染与人体健康联系起来,定量描述污染对人体产生健康危害的风险,建立再生水地下储存模式健康风险评价模型,通过危害识别、剂量-效应评估、暴露评价和风险表征进行健康风险评价。

界定研究区的边界范围和时间范围,确定影响区域,以地下水环境及再生水回灌区域的土壤环境为研究对象,以水质变化和土壤环境变化为评价目标,建立再生水地下储存模式生态风险评价模型,通过风险源分析、暴露与危害分析,对再生水回灌后的生态风险进行综合评价,主要包括水质生态风险评价和土壤重金属污染生态风险评价。

1.3.4.2　研究方法

(1)查阅相关主题或关键词的科技文献,总结国内外相关领域发展趋势、研究方法或评价方法、试验手段、相应的结果与结论。

(2)通过查阅历史文献与现场勘察、调研,选择再生水回灌工程地址,即本研究的现场试验地址。

(3)在总结前人研究方法、手段及成果的基础上,结合新疆实际情况,考虑室内模拟试验方案,方案须具体、可操作。如设备装置的设计、测试样品与指标等。

　　(4)借助外部力量(清华大学),合作与交流,邀请专家来疆讲座,开展相关技术培训与学习等。

1.3.4.3　技术路线

　　按研究内容分解工作任务,技术路线见图 1-1。

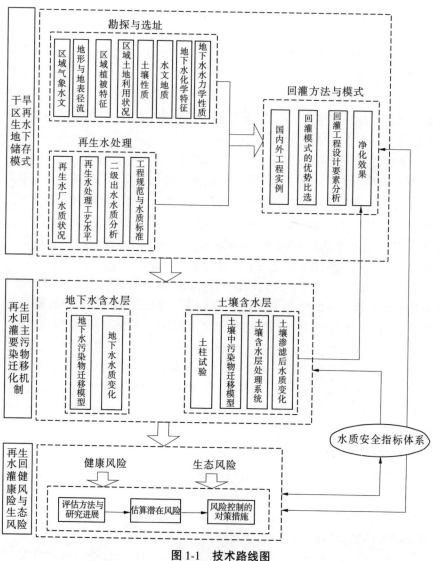

图 1-1　技术路线图

1. 干旱区再生水地下储存模式研究

掌握国内外关于地下水回灌技术方面的研究现状与趋势,了解地下水回灌的基本概念、回灌方法、地下水回灌需要解决的关键问题。

地下水回灌工程的勘探与选址,明确勘探与选址的主要工作内容,包括场地的基本情况,土壤岩性,物理、化学、水力学性质,地下水性质,渗滤速率测量以及勘探与选址报告等。

人工地下水回灌工程的设计,包括土壤地质勘察、土柱模拟试验与前期调查、预处理工艺设计,回灌工程设计要素分析,以及了解国内外人工地下水回灌工程设计实例。回灌水及其预处理,包括回灌源水的类型、城市污水深度处理工艺,以及国内外关于城市污水深度处理工艺的试验成果,地下水回灌的工程规范与水质标准等。对再生水回灌预处理技术的处理能力和处理机制进行研究,确定适用于再生水回灌的预处理工艺;针对再生水储存在地下的水质要求,对二级出水水质进行深入分析,去除优先控制组分,降低再生水回灌地下水的健康风险和生态风险。

2. 再生水地下储存主要污染物迁移转化机制研究

掌握国内外在地下水回灌过程中污染物迁移转化机制、土壤含水层处理机制及土壤包气带和地下水含水层的水质变化等方面的研究动态。土壤含水层处理,研究土壤含水层的处理机制,即主要污染物在含水层中的迁移转化机制,以及主要的水质参数在土壤含水层中的净化效果。对土壤含水层处理的处理能力和处理机制开展深入研究,研究再生水储存于地下时,土壤含水层或地下水含水层的水质变化。

3. 再生水地下储存健康风险与生态风险研究

掌握国内外关于健康风险与生态风险评价方法的研究进展,国内外关于再生水回灌过程中风险评价理论和方法的研究进展。健康风险及其评价,总结国内外关于健康风险评价的方法和过程,以实际工程为例,研究和估算新疆干旱区再生水利用所致的潜在健康风险。生态风险及其评价,总结国内外关于生态风险评价的方法和过程,以实际工程为例,研究和估算新疆干旱区再生水利用所致的潜在生态风险。针对问题,提出对策,确定健康风险与生态风险控制关键因素,提出相应的控制措施或方法。

参考文献

[1] 窦燕. 跨越式发展要求下的乌鲁木齐市水资源供需平衡趋势预测研究[J]. 节水灌

溉,2013,（1）：34-37.

[2] 唐宏,夏富强,杨德刚. 干旱区绿洲城市水资源开发利用的潜力——以乌鲁木齐市为例[J]. 干旱区研究,2013,30(6)：973-980.

[3] 邓铭江. 新疆地下水资源开发利用现状及潜力分析[J]. 干旱区地理,2009,32(5)：647-654.

[4] 周金龙. 新疆地下水研究[M]. 郑州:黄河水利出版社,2010.

[5] 王晓蔚. 新疆水资源开发利用超国际警戒线[EB/OL]. http://www. xjdsb. com/news/1102488. shtml, 2014-7-25.

[6] 吕春玲,李烨,孔凡林. 乌鲁木齐市地下水污染分析及防治对策[J]. 环境科学动态,2002,（4）：24-27.

[7] 朱瑾,霍传英,姜越,等. 乌鲁木齐河流域地下水水位监测网设计[J]. 水文地质工程地质,2007,（2）：8-14.

[8] 赵梅,王素萍. 2014 年乌鲁木齐市环境质量公报,柴窝堡湖水质已无法监测[EB/OL]. http://www. xjbs. com. cn/news/2015-06/05/cms1774888article. shtml? nodes =_369_, 2015-06-05.

[9] 张雷,余磊. 乌鲁木齐治理水源地柴窝堡湖湖面萎缩生态恶化[EB/OL]. http://news. cnr. cn/native/city/201411/t20141102_516709113. shtml, 2014-11-02.

[10] 韩盛,张斌. 乌昌地区城镇污水处理方式探讨[J]. 新疆环境保护,2011,33(1)：29-33.

[11] Page D, Dillon P, Toze S,et al. Valuing the subsurface pathogen treatment barrier in water recycling via aquifers for drinking supplies [J]. Water research, 2010, 44: 1841-1852.

[12] 胡洪营,吴乾元,黄晶晶,等. 再生水水质安全评价与保障原理[M]. 北京:科学出版社,2011.

[13] Idelovitch E, Icekson-Tal N, Avraham O, et al. The long-term performance of soil aquifer treatment (SAT) for effluent reuse [J]. Water Supply, 2003, 3(4)：239-246.

[14] Pyne R D G. Groundwater recharge and wells: a guide to aquifer storage recovery [M]. Boca Raton, Florida: Lewis Publishers, 2002.

[15] Sheng Z P. An aquifer storage and recovery system with reclaimed wastewater to preserve native groundwater resources in El Paso, Texas [J]. Journal of Environmental Management, 2005, 75: 367-377.

[16] 何江涛,沈照理. 再生水入渗回灌利用的发展趋势[J]. 自然杂志,2010,32(6)：348-352.

[17] 陈卫平,吕斯丹,王美娥,等. 再生水回灌对地下水水质影响研究进展[J]. 应用生态学报,2013,24(5)：1253-1262.

[18] 云桂春,成徐州. 水资源管理的新战略:人工地下水回灌[M]. 北京:中国建筑工业

出版社,2004.

[19] Asano T, Cotruvo J A. Groundwater recharge with reclaimed municipal wastewater: Health and regulatory considerations [J]. Water Research, 2004, 38: 1941-1951.

[20] 吴琳琳,张猛,成徐州,等. 土壤-纳滤系统处理再生水补充地下水的研究[J]. 环境工程学报,2011, 5(2): 267-270.

[21] Lian J J, Luo Z J, Jin M G. Transport and fate of bacteria in SAT system recharged with recycling water [J]. International Biodeterioration & Biodegradation, 2013, 76: 98-101.

[22] Laws B V, Dickenson E R V, Johnson T A, et al. Attenuation of contaminants of emerging concern during surface-spreading aquifer recharge [J]. Science of the Total Environment, 2011, 409(6):1087-1094.

[23] 曹彬,王维平,韩延成. 利用澳大利亚含水层补给管理国家指南对黄水河地下水库的评估研究[J]. 水利水电技术,2011, 42(12): 1-5.

[24] 魏东斌,魏晓霞. 再生水回灌地下的水质安全控制指标体系探讨[J]. 中国给水排水,2010, 26(16): 23-26.

[25] 何星海,马世豪. 再生水补充地下水水质指标及控制技术[J]. 环境科学,2004, 25(5): 61-64.

[26] 靳孟贵,罗泽娇,梁杏,等. 再生水地表回灌补给地下水的水质安全保障体系[J]. 地球科学(中国地质大学学报),2012, 37(2): 238-246.

[27] 王燕,李华. 城市再生水利用的研究进展[J]. 北方环境,2011, 23(7):55-56.

[28] 张英华,王文萍,黄占斌. 近 10 年我国再生水研究文献的分析[J]. 农业图书情报学刊,2008, 20(2): 11-14.

[29] R Hochstrat, T Wintgens, C Kazner, et al. Managed aquifer recharge with reclaimed water: approaches to a European guidance framework [J]. Water Science & Technology, 2010, 62(6): 1265-1273.

[30] Jörg E Drewes. Ground Water Replenishment with Recycled Water-Water Quality Improvements during Managed Aquifer Recharge [J]. Ground Water, 2009, 47(4): 502-505.

[31] Kazner Christian, Ernst Mathias, Hochstrat Rita, et al. European Perspective on Managed Aquifer Recharge with Reclaimed Water [J]. Proceedings of the Water Environment Federation, 2011, 21(16): 1244-1256.

[32] 周俊,陈凯麒,梁鹏,等. ASR 技术模式在我国地下水库工程建设应用中面临的问题与应用展望[J]. 南水北调与水利科技,2014,12(6):192-195.

[33] Quanrud D M, Hafer J, Karpiscak M M, et al. Fate of organics during soil-aquifer treatment: sustainability of removals in the field [J]. Water Research, 2003, 37: 3401-3411.

[34] Rauch-Williams T, Drewes J E. Using soil biomass as an indicator for the biological removal of effluent-derived organic carbon during soil infiltration [J]. Water Research, 2006, 40: 961-968.

[35] Lin C, Eshel G, Negev I, et al. Long-term accumulation and material balance of organic matter in the soil of an efflu-ent infiltration basin [J]. Geoderma,2008, 148: 35-42.

[36] Diaz-Cruz M S, Barcelo D. Trace organic chemicals contamination in ground water recharges [J]. Chemosphere, 2008, 72:333-342.

[37] Zhang H, Qu J, Liu H. Isolation of dissolved organic matter in effluents from sewage treatment plant and evaluation of the influences on its DBPs formation [J]. Separation and Purification Technology, 2008, 64: 31-37.

[38] Mahjoub O, Leclercq M, Bachelot M, et al. Es-trogen, arylhysdrocarbon and pregnane X receptors activities in reclaimed water and irrigated soils in Oued Souhil area (Nabeul, Tunisia) [J]. Desalination, 2009, 246: 425-434.

[39] Westerhoff P, Pinney M. Dissolved organic carbon transformations during laboratory-scale groundwater recharge using lagoon-treated wastewater [J]. Waste Management, 2000, 20: 75-83.

[40] Al-Lahham O, ElAssi N M, Fayyad M. Impact of treated wastewater irrigation on quality attributes and contaminati on of tomato fruit [J]. Agricultural Water Management, 2003, 61(1): 51-62.

[41] Pollice A, Lopez A, Laera G, et al. Tertiary filtered municipal wastewater as alternative water source in agriculture: a field investigation in Southern Italy [J]. Science of the Total Environment, 2004, 324: 201-210.

[42] Bange M P, Hammer G L, Rickert K G. Environmental control of potential yield of sunflower in the subtropics [J]. Australian Journal of Agricultural Research, 1997, 48: 231-240.

[43] Gadallah M A A. Effects of industrial and sewage wastewater on the concentration of soluble carbon, nitrogen, and some mineral elements in sunflower plants [J]. Journal of Plant Nutrition, 1994, 17: 1369-1384.

[44] Grieve C M, Poss J A, Grattan S R, et al. Evaluation of salt-tolerant forages for sequential water reuse systems. II. Plant-ion relations [J]. Agricultural Water Management, 2004, 70: 121-135.

[45] Adriel F F, Uwe H, Alessandra M P, et al. Agriculture use of treated sewage effluents: agronomic and environmental implications and perspective for brazil [J]. Sci Agric, 2007, 64(2): 194-209.

[46] Paranychianakis N V, Nikolantonakis M, Spanakis Y, et al. The effect of recycled water on the nutrient status of Soultanina grapevines grafted on different rootstocks [J]. Agricultural Water Management, 2006, 81:185-198.

[47] Alit W S, Zeev R, Noam W, et al. Potential changes in soil properties following irrigation with surfactant-rich greywater [J]. Ecological engineering,2006, 26(31): 348-354.

[48] Wang Z, Chang A C, Wu L, et al. Assessing the soil quality of long-term reclaimed wastewater-irrigated cropland [J]. Geoderma, 2003, 114: 261-278.

[49] Carlos A, Lucho C, Francisco P G, et al. Chemical fractionation of boron and heavy metals in soils irrigated with wastewater in central Mexico [J]. Agriculture, Ecosystems and Environment, 2005, 18: 57-71.

[50] Qian Y L, Mecham B. Long-term effects of recycled wastewater irrigation on soil chemical properties on golf course fairways [J]. Agron J, 2005, 97(3): 717-721.

[51] Mclain J E T, Martens D A. N_2O production by heterotrophic N transformations in a semi-arid soil [J]. Applied Soil Ecology, 2006, 32: 253-263.

[52] Friedel J K, Langer T, Siebe C, et al. Effects of long-term wastewater irrigation on soil organic matter, soil microbial biomass and its activities in central Mexico [J]. Biology and Fertility of Soils, 2000, 31: 414-421.

[53] Kass A, Gavrieli I, Yechieli Y, et al. The impact of freshwater and wastewater irrigation on the chemistry of shallow groundwater: a case study from the Israeli Coastal Aquifer [J]. Journal of Hydrology, 2005, 300: 314-331.

[54] Taylor K S, Anda M, Sturman J, et al. Subsurface dripline tubing-an experimental design for assessing the effectiveness of using dripline to apply treated wastewater for turf irrigation in Western Australia [J]. Desalination, 2006, 187: 375-385.

[55] Assadian N W, Giovanni D, Enciso G D, et al. The transport of waterborne solutes and bacteriophage in soil subirrigated with a wastewater blend [J]. Agriculture, Ecosystems and Environment, 2005, 111: 1-4.

[56] EPA. Guidelines for the microbiological quality of treated wastewater used in agriculture: Recommendations for revising WHO guidelines [S]. 2000.

[57] EPB. Treated Municipal Wastewater Irrigation Guidelines [S]. 2004.

[58] FAO. Wastewater treatment and use in agriculture [S]. Irrigation and Drainage, 1992.

第2章　干旱区再生水地下储存模式研究

2.1　再生水地下储存的主要模式与典型工程案例

2.1.1　主要模式介绍

根据回灌方式的不同,人工地下水回灌主要分为地表回灌与井灌两大类。地表回灌是指通过渗滤池、回灌沟、河渠与干河道等进行回灌;井灌常见的是注水井和含水层储水取水井。

2.1.1.1　地表回灌

地表回灌多应用于地面与含水层之间不存在水力阻滞层时,如美国亚利桑那州 Sweet Water 回灌工程、德国柏林回灌工程、以色列 Dan Region 回灌工程等。在地表回灌模式中,再生水经过回灌池底部,渗流到非饱和带,最后进入含水层。回灌水在通过土壤层的过程中经过一系列复杂的过滤、生物降解、物理吸附、离子交换等反应,可以借助土壤的净化能力去除大部分的溶解性有机物,使回灌水中的氮、磷、重金属、悬浮固体以及内分泌干扰物、抗生素、持久性有机污染物、消毒副产物等得到有效去除。以城市再生水为例,投放到渗滤池内的城市再生水一般通过混凝、化学氧化、硝化、反硝化等预处理工艺就可以达到回灌标准。采用地表回灌在充分利用自然资源的同时,降低了预处理成本,但其制约性因素主要有土壤组分构成、渗透特性等,通常占地面积较大。

1. 渗滤池(地表渗滤)

利用已有地形在高渗透性土层上挖掘或建造的池子中布水,回灌水流经表层土壤时被土壤吸收,向下运移进入非封闭的含水层(潜水含水层),见图2-1。

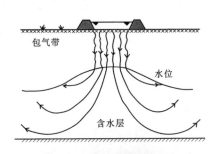

图 2-1　地表渗滤模式

地表渗滤模式的主要特点是利用土壤层的净化能力对回灌水进行物理化学和微生物的作用,从而达到水质净化的目的。采用地表渗滤模式,需要对所选场地的地质条件、气象水文条件、回灌水水质条件、土壤层物理化学性质、地下环境的水动力条件以及地下水源的赋存状态进行逐一调查。

在地表渗滤过程中,进入地下含水层的水量取决于土壤的水力特性(如淹水深度、渗滤速率等)和水的横向运移能力(主要是回灌的水量、流量及地形等)。采用地表渗滤的最佳模式是地面与地下含水层之间不存在水力阻滞层,且回灌水水质较优。包气带土壤层特性直接影响到地表渗滤的效果,通常宜选择渗透性较好的土层建造渗滤池,宜综合考察土壤层的结构构造、孔隙度、非均质性、pH 值、阳离子交换能力、有机质含量等,以便科学评价回灌水在土壤层迁移过程中的水力传导系数、给水度和渗透速度等。

地表渗滤模式常遇到的问题是由回灌水携带的悬浮物、藻类与微生物生长繁殖造成的表层土壤堵塞,影响回灌水渗滤,因此需定期对渗滤池停止运行,使之干化并在干化期完成清理工作。

2. 回灌坑或渗滤井

在地面和地下水水位(潜水水位)之间存在低渗滤性的地质构造层时,可挖掘回灌坑或者竖井穿透低渗透性土壤层,使回灌水顺利渗入含水层,见图 2-2。回灌坑应足够深,其侧向渗滤速率随湿润面积百分率减少而降低,故陡峭的边坡可使沉积物干化、卷缩、

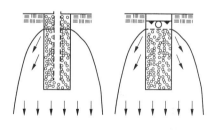

图 2-2　回灌坑和渗滤井示意图

自动脱落,起到自净作用,故需对坑底加强维护,保持足够高的垂向渗滤速率。

回灌坑或渗滤井,其回灌速率也会由于细颗粒物积累和微生物活动随时间推移而降低,需定期进行维护,使其干化或铲除在坑底和坑壁积累的物质,恢复与维持渗滤速率。而渗滤井回灌的最大问题是井壁堵塞,并且无法用泵抽水来解决改善堵塞的状况。因此,要尽量避免堵塞。首先,应防止对渗滤层中的黏土层进行冲击或刮削。其次,水在回灌前必须经过处理,除去所有的堵塞物,包括悬浮固体、可同化有机碳(AOC)、营养物、微生物,同时必须经过消毒保持一定的余氯水平。如果堵塞仍然发生(长期性堵塞极易发生),基本上是细菌和有机代谢产物造成的,这种堵塞有可能通过长时间的干化使堵塞物质充分降解,从而恢复井的回灌功能。再次,因井直径较小,深度较深,不易维

护,应定期更换井中的颗粒填充材料,维持渗滤速率。

2.1.1.2　井灌

当地面与含水层之间存在水力阻滞层或没有足够土地时可以采用井灌方式,如美国加州 21 水厂回灌工程。由于地表回灌经过土壤层天然净化,对回灌水的前处理要求较低;而井灌由于直接与含水层接触,对回灌水的前处理要求较高。井灌是一种占地面积小的高效回灌方式,利用竖井直接将回灌水注入地下含水层(承压含水层)中。井灌一般适用于土地匮乏或土地价格昂贵的地区,尤其是在具有不透水层、弱透水层或土地渗透性较差的地区,具有一定优势。但是井灌需要进行工程施工,通常需要有足够的资金支持。井灌是阻拦海水入侵行之有效的一种回灌方式,除此之外,在干燥地区井灌可以防止因气候影响而导致的回灌水蒸发流失。由于井灌是将回灌水直接注入到地下含水层中,为防止回灌水对原有地下水的次生污染,通常对回灌水的水质要求比较严格,且需要定期清洗回灌井以防止污染物的累积效应,避免对地下水安全造成不良影响。在井灌方式中,通常使用膜技术去除污染物,如反渗透、纳滤与高级氧化技术、纳滤与活性炭吸附技术,这些井灌的预处理工艺能够有效地保证回灌水水质,其缺点是处理费用较高。

1. 回注井

回注井模式适用于土壤层渗透性差或土地资源有限的条件,或在土壤非饱和带存在不透水层(隔水层)的情况下,可采用井灌方式将再生水回灌到承压含水层,见图 2-3。

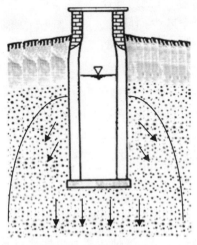

图 2-3　回注井模式

采用回注井模式进行地下水回灌,能有效地解决土壤层渗滤效果不佳的问题,但同时也衍生出其他一些问题。回灌水水质与地下水源水水质之间的差别将改变地下水微生态环境,因此采用回注井模式必须对回灌水水质进行严格控制。由回注井注入地下含水层的回灌水会改变局部地下水流动方向,造成近井含水层颗粒在空间上发生重新排列,含水层水位将发生变化,通常会导致回注井内水位累积,形成堵塞效应。

由于堵塞造成的水力条件改变将降低回灌效率,因此应对回灌水水质进行严格控制,除此之外,还应定期进行回注井的清洗。为解决由回注井内水位上升引起的一系列问题,可以采取提高回灌水水压的办法来维持稳定的回灌水速率。在进行回注井清洗的过程中,通常需要安装立式涡轮泵,一般以一年为间隔期限进行清洗。

2. 含水层储水取水井

含水层储水取水(Aquifer Storage Recovery,ASR)井是一种具有双重功能的回注井,是在回灌水水量充足的情况下,将可利用的回灌水通过回注井储存于适当的含水层中,当需要用水时,再从同一口井中取水以供使用。在通常情况下,随着取水的持续进行,地下水水位将会急剧下降,采用 ASR 模式能有效控制地下水水位,使其维持在稳定水平。

目前,ASR 模式在全球普及速度较快,其中重要的驱动力是 ASR 模式在满足水资源管理要求的前提下,较其他简易供取水方式在成本上能节约 50% 以上,较建造水处理厂或地表水库在成本上能节约 90% 以上。除此之外,ASR 模式在地下含水层 pH 值的稳定控制、降低污染物浓度等方面具有一定优势,对地下生态环境的恢复和改善具有重要贡献。ASR 模式本质上和组合回灌模式一样,即通过地表以下含水层处理再生水,但这种模式的应用具有较高风险,因为深层含水层自然净化能力不如地表土壤,而且一旦被污染,治理起来非常困难,因此评价其对含水层环境的影响是非常重要的。

为实现储水取水的双重功能,通常仅需要在 ASR 井中安装一台水泵,提升储存水不需要额外的装置与设备。ASR 井因配备有永久性水泵可以随时进行洗井操作,能有效防止堵塞现象的发生,提高回灌水的回灌效率。与此同时,洗井水的再利用成为评价 ASR 模式的重要指标,在大量布置 ASR 井的场合,需科学计算洗井频率,才能有效控制工程运行成本,达到理想的回灌目的。

3. 组合井

组合井是使用一口井,在非封闭的潜水含水层和封闭的承压含水层中均安装筛网,当从承压含水层提升地下水时,潜水含水层的地下水便顺着水势直接进入承压含水层。利用无沉积物的地下水增加地下水存储量,可大大减少回注井的堵塞程度,同时具有减少水分蒸发损失、减缓局部区域洪水淹没的效应。在采用组合井回灌时,需考虑这种方式产生的潜在环境影响,可能导致湿地脱水以及不同水质的地下水混合,对由此造成的生态环境安全问题需要进行科学评价。

2.1.1.3　地表回灌与井灌组合模式

在实际的地下水回灌工程中,通常需要根据场地的实际条件、回灌目的和要求、工程造价成本和经济效益,对回灌模式进行优化组合。通常将地表回灌模式和回注井模式结合起来,这样既充分利用了地表回灌模式的便于维护、回灌水调节容量大的特点,又充分利用了回注井模式的占地面积小、渗透效率高的优点,如图2-4和图2-5所示。在渗透性能较差的土层,布置若干回注井,同时在土壤层中布置给水管收集由渗滤池下渗到该土壤区域的回灌水。通过回注井回灌入含水层,将大大提高回灌效率。

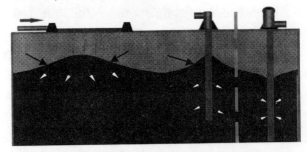

图2-4　地表回灌、井灌与取水示意图
(图中从左至右分别是地表回灌、井灌和取水井取水的情况)

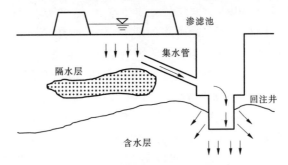

图2-5　地表渗滤和回注井组合回灌模式

组合回灌模式与地下环境的地质条件密切相关,尤其适用于建造渗滤池的可利用土地下层存在隔水层或渗滤效果不佳的场合。针对渗滤池和回注井的堵塞问题,也应该在科学评估的基础上进行控制。

2.1.1.4　其他模式

此外,地下水回灌工程还有多种利用方式,如快速渗滤取水(Rapid Infiltration Extraction,RIX)模式,是将达到一定水质要求的再生水通过地表回灌或者井灌方式回灌于地下含水层,再生水在地下停留一定时间后通过取水井取出回用,这种方式是在具备良好渗滤条件的地方,仅利用土壤含水层的处理功能,缩短再生水在地下土壤层的停留时间,达到快速有效改善水质的目的。RIX 模式充分利用了地下水和土壤含水层对污染物处理的优势,尤其是针对悬浮污染物、病原性微生物,可大大缩短处理周期,达到理想的地下水回灌效果。

注水取水井模式是通过在回注井周边建造取水井,在运行过程中利用取水井造成的流场变化,促进回灌水的地下水回灌,见图 2-6。采用注水取水井模式,需要对含水层介质以及地下水流场进行科学调查,以确定最佳回灌方式,在维持地下水水位的同时,通过地下含水层的物质交换达到水质净化的目的。由于取水井造成流场变化,增加了回注井的回灌速率,可能会造成筑井承压过度,影响筛网正常工作。因此,在工程实施注水取水井模式时,应该特别注意计算水力学特征,以保证地下水回灌的顺利进行。

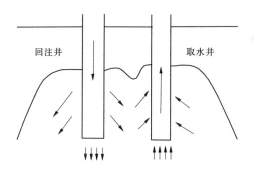

图 2-6　注水取水井模式

2.1.2　国内外典型的回灌工程案例

2.1.2.1　国外典型的回灌工程案例

1. 美国

地下水回灌工程的建设与运行是美国水资源管理的一项重要举措。在美国多个州都建有地下水回灌工程。美国对污水处理回用的水质安全十分重视,其城市污水处理等级基本上都在二级以上,处理率达到100%。具有代表性的美国亚利桑那州图森市 Sweetwater 工程,是一个以地表渗滤为主的地下水回灌工程。

图森市唯一饮用水水源来自非封闭性含水层的地下水,随着人口增长、地下水超采严重,相当一部分地区地下水水位下降超过60 m,地面沉降3~15 cm。20世纪70年代末和80年代初,在对未被充分开发替代水源的区域性评价的基础上,确认了以城市污水厂二级出水作为可再生水资源的战略,并逐步实施人工地下水回灌计划。

图森市的地下水回灌系统主要包括:150 000 m³/d 的污水处理厂,30 000 m³/d 的再生水厂,占地11 hm²、处理能力为20 000 m³/d 的 Sweetwater 回灌场;年抽取水量约为8 000 000 m³ 的6口取水井,5个蓄水量为56 000 m³ 的蓄水池,137 km 的输水管路,250户用户,年需水量约为12 300 000 m³。图森市地下水回灌系统示意见图 2-7。该系统对于水质的控制和处理是比较严格的,污水处理厂是控制回灌水水质的重要环节。回灌水在地下含水层停留一段时间后抽取出来,供给高尔夫球场、公园、公墓、学校、街道、高速路隔离带、家庭等进行浇灌。

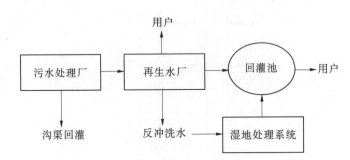

图 2-7　图森市地下水回灌系统示意

再生水用户必须与水资源管理部门签订协议,保证在遵守有关法律法规的前提下使用再生水。此外,水资源管理部门应定期对再生水回用点进行监测以确保再生水回用安全。Sweetwater 工程长年的运行经验表明,大多数公园和高尔夫球场的地下水水质保持稳定。

根据监测井的监测数据,非饱和带可溶性有机物(DOC)的去除率达到92%以上,总有机卤化物(TOX)的去除率为80%。经表层土壤0~3 m,回灌水中总氮去除率达58%;至表层土壤7 m 处,两种示踪性病毒 MS-2 和 PRD-1

几乎全部被去除。在回灌工程运行的湿期,氨被土壤层带负电荷的颗粒吸附,在回灌工程运行的干期,土壤非饱和带富氧,氨氮在好氧条件下被氧化为硝酸盐氮,在下一个湿期中硝酸盐氮被反硝化细菌所利用,转化为氮气,实现了氨氮的去除。1992 年,Sweetwater 工程回灌地区土壤含水层处理对氨氮的去除率约为 40%,至 1996 年达到 74% 左右。回灌工程运行的初始阶段,土壤层中的盐分被回灌水溶解或解析,从土壤层中淋洗出来并随着回灌水进入地下含水层,导致地下水中总溶解固体增加,但随着不断的回灌与取水,地下水水质得到改善,总体趋势朝着水质优化方向发展,至 2001 年地下含水层中的水质逐渐趋于稳定,与原水水质相近。

美国 Orange County Water District(OCWD)回灌工程也是一个典型的案例。Orange County 地区 75% 的供水来自地下水,剩余的 25% 来自 Colorado河。对地下水的过度开采导致了地下水水位的下降和海水侵入内陆 5 英里。20 世纪 60 年代中期,Orange County Water District 建造了中试规模的再生水工程,后来逐渐发展成为现在的 21 水厂。21 水厂处理工艺流程见图 2-8。

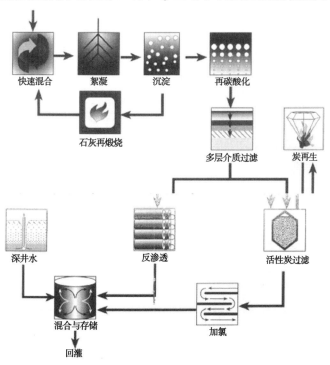

图 2-8　21 水厂处理工艺流程

21 水厂实施人工地下水回灌主要有以下几个方面的考虑:大量的回灌水注入地下水流域,扩大地下水含水层,为城市提供 50% 的供水。为防止海水倒灌,该地区通过 23 个回注井群将新鲜水回灌到含水层形成 Talbert 水力屏障系统,阻碍了海水的进一步入渗。目前 Talbert 屏障的回注水由 62% 的再生水与 38% 的深层地下水组成。OCWD 已经获取许可改进工艺以实现 100% 的再生水回灌。每年减少了 1 517 万 m^3 的城市污水排入海洋,减少了该地区对 Colorado 河的依赖。当由于干旱或外部调水系统发生紧急情况而导致供水减少时,人工地下水回灌可提供稳定的供水,并维持海水入渗屏障的功能。

在对深井水、地表水、再生水、淡化海水几种可以利用的水资源进行评价后,21 水厂最终选择了深井水和再生水的混合水,以深井回灌方式注入深层地下含水层。21 水厂的处理对象为城市污水厂二级出水。处理工艺主要包括化学沉降、再碳酸化、多层介质过滤、粒状活性炭过滤、反渗透、加氯消毒、人工地下水回灌。21 水厂的混合池出水包括:1.89 万 m^3/d 的反渗透出水、3.40 万 m^3/d 的炭吸附柱出水、3.25 万 m^3/d 的深井水。经混合后,水质满足加州一级和二级饮用水标准。

2. 欧洲

欧洲开展地下水回灌的研究和工程应用相对较早,技术也较为成熟。其中以德国最为典型,德国也是欧洲开展再生水回灌较早的国家。德国回灌地下水主要有 2 种方法:一种是采用天然河滩渗漏,另一种是修建渗水池、渗渠、渗水井等工程实施回灌。德国许多水厂使用渗漏工程产生人工地下水,整个国家使用这种方法生产的水占城市水厂总供水量的 12%。主要方法是修建渗水池(如北鲁尔-维斯特伐利亚工业区)、渗渠(如汉堡-柯尔斯拉克厂)和渗水井(如威斯巴登-希尔斯坦水厂),将河水(受到轻度污染)通过渗漏工程回灌地下产生人工地下水。

德国柏林的地下水回灌工程是一个典型案例。地下水回灌在扩充水资源量、实现水资源循环利用的过程中具有重要意义。柏林地区的地表水一般不直接作为饮用水,地下水作为饮用水供水水源发挥着重要的作用。回灌水再利用成为饮用水的补充来源,据统计,冬季约有 40% 的饮用水取自哈维尔河与施普雷河岸边的渗滤回灌水工程,夏季这个数字增加为 60%,地下水回灌工程已经成为柏林地区重要的供水保障。在通常情况下,回灌水在地下含水层停留 2 个月取出,以保证地下含水层对水质的充分净化。据柏林市水务局的资料显示,柏林地区每年需要回灌水量 1.35 亿 m^3,其中来自哈维尔河与施普雷河的河水经除磷净化后,通过河岸土壤渗滤回灌工程渗滤至地下含水层的地下水回灌量约为 0.57 亿 m³。

为实现柏林地区的水资源充分利用,再生水回用是关键环节。柏林地区充分利用雨水、河水和城市污水,经过净化处理,经人工或天然地下水回灌工程将水资源存储于地下含水层,取水供市政用水,被利用后,再经过输水管道输送回城市污水处理厂,实现了水资源的循环利用,提高了水资源的利用率,见图 2-9。

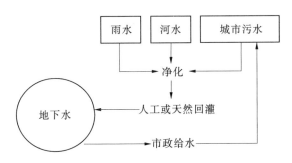

图 2-9 柏林地区水资源循环利用示意图

为了加强地下水保护,有效去除水资源中的各种污染物、实现受污染土壤的修复,柏林地区建立了综合地下水监测网,并主要关注人工地下水回灌工程运行过程中的水质变化,除磷及磷酸盐;对污水处理厂进行工艺优化,增加硝化与反硝化工艺,使有机氮与氨氮的浓度满足欧盟的排放要求;可吸附有机卤素的浓度控制在 40 μg/L 以下,城市污水中可吸附有机卤素的 20%~60% 为有机碘,可利用活性炭吸附加以去除;重金属浓度控制在尽可能低的水平;禁止处理不合格的工业废水向市政污水系统排放;加强污染源控制等。

为了满足除磷脱氮的要求,柏林的污水处理厂通常采用三级处理模式。出水经土壤渗滤,水质发生了显著变化。经过土壤层渗滤处理后,回灌水的特点主要发生了以下几个方面的变化:在浅层土壤层的好氧阶段,弱碱性的回灌水可以防止土壤层的重金属解析,氨氮几乎全部转化成硝酸盐氮;硝酸盐氮在深层土壤层的缺氧阶段发生反硝化作用;20% 的可吸附有机卤素可以经浅层土壤层被去除,30%~40% 的有机污染物可以被微生物所降解。

3. 中东

以色列地处干旱地区,政府一贯重视水资源的保护与污水的重复利用,以色列污水回用量在总供水量中所占的比例已超过了 10%。1994 年以色列国家污水总量为 2.93 亿 m³/年,污水处理率为 79%,回用率就达 66%。污水回用的主要方式之一是在沿海地区实施地下水回灌,再生水用于市政公共场地灌溉、城市绿化、公共体育场所、高尔夫球场、高速公路植被,同时减少海水倒灌。

　　基于对再生水安全性的考虑,以色列将再生水回灌地下,通过土壤层的净化再抽至管网系统使用,较为典型的是以色列 Dan Region 污水再生工程。Dan Region 污水再生工程位于特拉维夫南部,是以色列最大的污水回用项目,包括污水收集和处理、地下水回灌和回用。Dan Region 污水再生一期工程在1977 年开始运行,包括 4 个回灌池,面积约 24 hm^2,处理能力 $2×10^7$ $m^3/$年。回灌前的预处理工艺为氧化塘、石灰-镁工艺和部分脱氨,处理后的出水与二级处理后出水水质相当;二期工程年产水量为 $8×10^7 m^3/$年,包括两个回灌点,回灌面积 42 hm^2,1987 年开始运行,回灌前的处理工艺包括活性污泥法、硝化与反硝化。取水井分布在回灌点周围,距最近的回灌池 350~1 500 m。监测井分布在回灌池与取水井之间。回灌周期包括 1 d 湿期和 2~3 d 干期,以确保非饱和带保持好氧状态。抽取出的再生水与地下水的混合水主要输往以色列南部的 Negev 地区,用作非饮用回用。

　　以色列地区回灌工程的运行经验表明,土壤含水层的主要净化作用包括:慢滤、化学沉淀、吸附、离子交换、生物降解、硝化、反硝化、消毒等。SAT 系统可将回灌水中的 SS 完全去除,同时对各类有机物指标 BOD、COD、TOC、UV、清洁剂等保持较高的去除率。SAT 系统具有良好的脱氮作用,回灌水中的氨氮几乎可以完全硝化,部分硝酸盐氮可以被反硝化为氮气,总氮浓度降低。回灌水进入含水层与地下水混合,混合水中残留的氮主要是硝酸盐氮。SAT 系统对回灌水中磷、Cr、Cu、Mo、Ni、F 等均有很好的去除效果。再生水中有毒物质的浓度低于饮用水标准。回灌水中细菌总数经 SAT 系统后降低,大肠杆菌、粪便大肠杆菌和肠道病毒在抽取出来的再生水中均未检出。尽管回灌后地下水的各类水质指标均可满足饮用水标准,但是当地政府再生水抽取出来后仅用于非饮用回用。

　　4. 非洲

　　非洲的地下水回灌工程大多是在中国及美欧等国家的援助下兴建的,其中最为典型的是南非的亚特兰蒂斯水资源管理系统。该工程的开发始于1975 年,最初是将地下水输送到亚特兰蒂斯然后通过井群进行取水操作,至1979 年,该系统已能够循环使用雨洪水径流和城市再生水。城市污水通常经过硝化—反硝化或厌氧—缺氧—好氧的二级处理,经过二沉池出水后再经过一系列的熟化塘进行深度处理,以控制回灌水水质。熟化塘出水主要与来自居民区的城市雨水径流混合,最后排放进入回灌场地。在井群上游的回灌场地,每天回灌量维持在 7 500 m³ 左右,每天约 4 000 m³ 盐度较高的工业废水排放入井群下游靠近海边的回灌场地。亚特兰蒂斯水资源系统每天最大回灌量为 15 000 m³,整体井群上游的年均实际渗滤量约为 2 700 000 m³。后期开普敦市对井群进行重建和修复,为有效降低出水和含水层的碱度和盐度,构建输水渠道将开普敦市的地表水引入亚特兰蒂斯水资源系统,可以达到有效控制水质的目标。

从井群取出的天然地下水和回灌水的混合水经过软化和氯消毒后,可作为饮用水提供给亚特兰蒂斯。经包气带土层净化回灌水,回灌水的盐度大大降低,在必要的时候从开普敦调来低盐度的地表水进行混合,有效降低了供水以及含水层中储存水的盐度,以保证在循环系统中水资源的水质满足安全条件。

另外,该工程是将雨洪水径流和再生水分别灌入不同的回灌场地,将高碱度和低碱度的来水分别灌入不同的回灌场地,工业废水和部分雨水因盐度较高则排入靠近海边的回灌场地而不被循环利用。亚特兰蒂斯的回灌工程在运行中遇到的最大问题是井群的堵塞,因此严重影响了井群的产水量。研究结果显示,造成堵塞主要归因于微生物的附着生长以及地下水铁元素的沉淀反应。

5. 亚洲

日本实施地下水回灌工程、建造地下水库的目的主要是通过地下水回灌工程以建造地下水库,拦截上游地下水,抬高地下水水位,达到更加有效利用地下水;或通过地下水回灌工程以建造地下水库,防止海水入侵,避免水质恶化。

日本于 1972 年在长崎县野母崎町桦岛建造了第一座有坝地下水库,集水面积达 0.6 km²,总库容为 9 000 m³。于 1977 年又建造了冲绳县宫古岛地下水库,集水面积达 1.7 km²,总库容 700 000 m³。之后,又陆续建成了福井县常神地下水库、冲绳县砂川地下水库等。较为典型的还有日本索尼公司支持的熊本县地下水回灌工程。该工程所在区域为农户的耕作区,在农闲的时候充分利用土地资源,将水田作为雨洪水径流的收集平台,既节约了构建渗滤池的工程成本,又能充分发挥农田土地渗透性好的特点,季节性集中收集回灌水,采用地表渗滤的方式回注入地下水中以扩充地下水量。地下水主要供索尼公司技术中心使用,在使用完经过简单处理即可达到排放入河流的水质标准。

在发展中国家的印度,为应对城市水危机,也开展了利用雨洪水补给地下水的人工回灌工程,以增大硬岩含水层的入渗量。

2.1.2.2　我国典型的回灌工程案例

北京市的再生水利用,包括回灌地下水,在全国属于最为成功的城市之一。北京市再生水主要用途为景观用水和农业灌溉,同时补给了地下水,但也带来了污染地下水的风险。北京市的再生水农业灌溉主要分布于大兴、通州、房山,其中以通州新河灌区为最大的成片灌溉区。由于该地区地下水运动以垂向为主,再生水农业灌溉也是以土地处理技术回灌地下水的形式。通州等郊区以再生水回灌地下水,一方面是这些区域地下水水质相对较差,另一方面当地水文地质条件合适,如含水层空间较大;此外,再生水水源丰富、应用的急迫性强,若再生水不当应用和流失过程中,可能对包气带乃至含水层造成影响。这三个特点是北京市以再生水回灌地下水较为积极并取得较好效果的重要因素。

高碑店地下水回灌工程,是典型的北京地下水回灌应用实例。高碑店污水处理厂是我国目前最大的污水处理厂,日处理能力达到 1 000 000 m³。高碑店地下水回灌示范工程于 2000 年列入北京市重点工程,于 10 月完成工程验收和试运行,并于当年正式启用。高碑店地下水回灌示范工程主要建于污水处理厂内西侧草坪上,可利用回灌面积为 400 m²,设计回灌能力为日均200 m³,包括地表回灌和快速渗滤取水工程,预处理流程如图 2-10 所示。

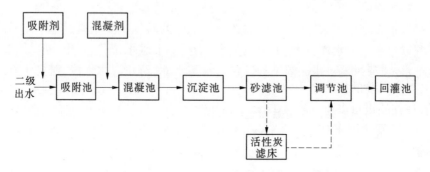

图 2-10　高碑店地下水回灌示范工程预处理流程

高碑店地下水回灌的第一阶段是将污水处理厂的二级出水经过高级处理后作为回灌水进行地表渗滤处理,日处理量为 400 m³,主要工艺包括粉末状活性炭吸附、混凝和砂滤等,同时为了保证回灌水的水质,设置备用颗粒状活性炭滤床。回灌池的再生水回灌至地下后,经过包气带土壤层和地下含水层的天然净化,再经过取水井取出,消毒处理后提供给用户使用。该示范工程运行结果显示,采用地表回灌方式渗滤池进行地下水回灌,回灌区的地下水水水

质可以满足地下水Ⅲ级的标准要求。但是回灌池长期运行的渗滤速率为
0.12 m/d,日回灌水量约为 48 m³,无法满足 200 m³ 的设计要求。

该示范工程的第二阶段中改用组合式强化井灌工艺进行地下水回灌。高
碑店污水处理厂三级混凝出水经过预处理系统的臭氧接触氧化,经过氧化后
的再生水进入到短程处理单元——3 个回灌池,定期分配轮换进入到该单元
不同池内,形成干湿调节期。在地表回灌系统一般采用干湿交替的回灌方式,
主要目的是防止土壤表层堵塞,维持较高的渗滤速率,保证表层土壤的复氧。
现场每天回灌量为 500 m³/d,渗透速率为 10.4 cm/h,是直接地表回灌速率的
18 倍,大大降低了回灌池的尺寸并提高了回灌速率。池内的再生水以重力流
最终由收集管集中,最后通往含水层的井灌系统中的回灌竖井,由取水井取
出。井灌系统中布设有监测井。

1999 年,北京排水集团和清华大学借鉴国外技术,通过试验模拟包气带
地层,在高碑店将再生水进行地表回灌,补充地下水,进行地下蓄水层变成储
水池的可行性研究。该项目是国内第一个再生水回灌补充地下水的示范工
程,取得了大量的经验和数据。2005 年 7 月,项目成为欧盟第六框架重点项
目。目前监测分析显示,项目运行稳定。

2.1.3　主要模式应用经验与小结

总的来看,国外利用再生水回灌地下水的多为发达国家、缺水国家。其主
要技术模式体现出以下几个特点:

(1)地表渗滤占据多数情况。井灌的失败案例较多,不仅堵塞是主要原
因,对高风险的担忧也是一个方面。出于对土壤污染的考虑,国外在入渗过滤
前,往往还进行多重植物过滤、沉淀、滞留、吸附、降解等处理。

(2)发达国家对水质的安全控制十分严格。发达国家对再生水回灌多持
审慎态度,不将再生水作为饮用水水源,对回灌水质要求甚高。如德国规定再
生水回灌的水质不得低于当地地下水的水质;以色列规定回灌后的水质应达
到饮用水的标准;美国制定了回灌用水的水质国家标准,规定各州的标准不低
于国家标准,而国家标准也规定回灌用水的水质要达到饮用水的标准。1976
年,加州制定了第一个回灌地下水水质标准草案,建议回灌污水要经过二级处
理,并经过过滤、消毒、活性炭吸附等深度处理,而且回用前必须在地下停留 6
个月以上,水的注入点离地下水水位至少 3 m,注水点离注入点水平距离至少
150 m,抽取水中的回灌水不能超过 50%,要求抽取水点 TOC<1 mg/L,回灌点
COD<5.0 mg/L,TOPC<3.0 mg/L,硝酸盐(NO₃⁻ 计)<45 mg/L,总氮< 10 mg/L,

大肠杆菌<2.2个/100 mL,等等。该草案不断修订,1993年修订后一直沿用至今,其要求是针对每项地下水回灌工程的具体情况,都要求保证从接收回灌水的含水层抽取的水符合饮用水标准,而且对采用注入井回灌的回灌水 TOC要求比经地表渗滤回灌入含水层的严格,因为已经证明后者能使有机物在地下非饱和区和饱和区发生进一步的降解。1992年,美国环境保护局制定了关于处理措施和水质参数的标准;1995年,澳大利亚则在美国标准的基础上出台了更完备的要求。由于地下水补给水质要求因补给地区水文地质条件、补给方式、补给目的的不同而不同,因此很难制定统一的再生水补给地下水的水质标准。多数国家是对再生水补给地下水水质要求制定统一的原则。

(3)重视实际效能。发达国家对于再生水的不同用途有着不同的水质标准和处理要求,同时具备较好的监测手段和实用性的监测方法。同时,国外很注重针对不同的应用条件开展长期试验和应用,注重工程的经济效益与环境效益跟踪评价,将地下水污染的风险严密监控在可预期范围内。

(4)具有大量试验研究和长期监测支撑实践的运行与管理。由于回灌在理论上的复杂性,尽管对地下水人工补给的机制认识基本清楚,但在工程应用中,很多还是凭经验实施,预知补给效果还比较困难。因此,发达国家对回灌地下水方法(方式)的实用性、经济效益和管理办法的深入分析,以及实践的运行与管理,都是通过大量试验研究及长期监测来支撑的。

(5)再生水处理成本是其用于回灌技术发展的制约因素。在发达国家,由于工程的技术经济分析传统有着显著影响,往往对成本分析有较为细致的考虑和预测,在很多再生水回灌的实践中均体现出再生水处理成本对工程建设决策的关键性影响。而在国内,成本分析则往往过于简单。

国内利用污废水回灌地下水有多年的历史,但针对不同的应用条件开展的综合性试验及应用的案例较少,全面考虑水质安全的工作则起步较晚。大致上,再生水回灌集中于再生水水源充沛、地质条件较好的地区(以北京为代表)。和国外相比,国内利用再生水回灌地下水的技术模式体现出以下三个特点:

(1)地表渗滤占据多数情况。但是实际缺乏监管的井灌多有发生,严重危害了地下水质量。对于井灌风险的争议则一直没有停止。

(2)对水质的安全控制缺乏实用标准。再生水由于含有一定的氮等污染物,回灌是存在风险的。国内有研究表明,回灌10 d之内,由于淋溶和硝化作用产生的 NO_2^-、NO_3^- 会造成浅层地下水的严重污染。2000年后,由建设部标准定额司组织,经国家标准技术监督局批准,建设部标准定额研究所牵头进行研究,陆续编制和颁布了一系列城镇污水再生利用用于不同用途的水质系列国家标准,包括《城市污水再生利用　地下水回灌水质》(GB/T 19772—2005)。该标准提出了 22 项基本控制项目和 52 项选择控制项目的标准值,其中基本控制项目按不同回灌方式(地表回灌、井灌)进行了分级规定,用于在各级地下水饮用水源保护区外,以城市污水再生水为水源,以非饮用水为目的,采用地表回灌和井灌的方式进行的地下回灌。但是该标准在实际应用中缺乏操作性,并没有得到大范围的推广和运用。更为重要的是,该标准没有考虑到地下水的资源特性和我国的实际情况,在拟订回灌方式相应的水质指标时过于简单,其大多数指标与国外指标相当,个别指标甚至严于国外,在技术可行、经济合理和社会承受力的结合方面显得不足。

水利行业目前的《地下水监测规范》(SL 183—2005)中部分内容与再生水回灌地下水的水质监测工作有关,但该标准在监测站设置、测验等方面均没有与再生水回灌地下水有关的内容,也未体现其水质安全的特点。

由于对地下水补给水源的水质要求因补给地区水文地质条件、补给方式、补给目的的不同而不同,因此在制定再生水补给地下水水质标准之前,进行大量的基础工作是必要的。

(3)对实际效能重视不足。这方面的特点也与实用的监测方法、监测手段不足密切相关。一方面,针对再生水回灌地下水的监测方法没有国家或行业技术标准;另一方面,国内相关试验较为分散,应用缺乏规模,技术实用性不强,缺乏有效的行业监管,导致许多工程效益不明显,实际效能有限,甚至未能控制不当的回灌行为而造成地下水污染。另外,实际运行的回灌系统,也往往缺乏信息化的运行控制,对回灌水量、水质的统一管理还处于比较初级的阶段。参考国外的研究和应用实践,水质的管理要求大致上应包括两个方面:一是确保回灌工程的长期稳定运行,二是确保不污染地下水。在明确这两个方面要求的基础上,可以针对回灌模式形成管理的要求。

总的来看,在回灌模式方面,国内的应用也以地表入渗的技术模式为主。主要采用的模式类型包括:透水面入渗、坑塘入渗、渗坑入渗。这些均需要分析其适宜性、水文地质条件、水质条件和经济技术条件等,需要大量的前期基础工作。在回灌管理方面,国内普遍存在着管理办法不明晰、缺乏技术性要求的问题。许多地区性的有关地下水保护的法规或法律性文件都支持利用再生水回灌地下水,但是一般限于原则性的鼓励,在如何科学合理地规划地下水回灌工程,如何运用合理的回灌技术模式,如何保证水质安全等方面,很少有涉及,主要原因是基础性研究的不足和行业技术指导的缺位。由于缺乏细化的操作性办法和技术导则,在实际工作中,往往禁止污水回灌成为主要任务,而如何应用现有再生水资源进行回灌,容易被有关部门对回灌水质安全风险的担忧所压倒,导致该条款所要求的人工回灌工程在建设中被否定,再生水资源的合理利用可能被忽视。

2.2　干旱区再生水地下储存工程野外勘察与选址

2.2.1　再生水地下储存模式初选

　　前述再生水地下储存模式或回灌方式,概括起来,主要可分为井灌和地表渗滤两种。不论是采取井灌还是地表渗滤,在回灌以前,必须对拟选回灌场地的水文地质条件进行详细的勘测,即包括土壤类型、非饱和带和含水层岩层剖面结构、地下水深度、地区性的水力坡度、已存在的天然回灌(如农田回灌水)及抽水状况、含水层渗透性能、含水层中水的类型等。在有条件的情况下,应在回灌范围内尽量多打勘测井进行水文地质勘察,一般应在 50~100 m 内打 1眼井,勘测井深度一般应大于 70 m。取地下土样及水样进行化验分析,测得地下水水质的背景值以及不同深度土壤层的理化指标,同时根据水文地质勘探资料绘制地下土壤柱状图,对各土壤层的岩性进行描述,确定各含水层深度及储水情况。

　　在取得地下土壤层水文地质资料的基础上,应在拟建回灌场地选择不同土壤组成区域进行现场渗坑试验,四周做防水措施,并考虑自然降水与蒸发对渗坑试验的影响。一般情况下,当土壤层的渗透系数小于 1×10^{-5} cm/s 时,认为该土壤层不适宜自然渗滤。

　　若采用地表渗滤模式,在再生水满足地下水回灌水质标准的前提下,通过测定干旱区包气带土壤层的相关特征参数,以开展室内土柱模拟试验为主,野外试验为辅,再结合数值模拟模型的建立,揭示再生水污染物在土壤含水层中的迁移转化规律,重点研究土壤含水层对污染物的处理能力,即土壤含水层处理(SAT)系统去除污染物、净化水质的效果。利用地下水数值模拟手段,研究地下含水层(潜水含水层)水环境变化规律,包括污染物在潜水含水层中的迁移转化规律,以及地下水含水层对污染物的处理能力。

　　若采用井灌模式,在再生水满足地下水回灌水质标准的前提下,通过测定干旱区地下水含水层(潜水含水层)的相关特征参数,选择边界条件清晰的天然储水构造,分析地下含水层的储存条件,以地下水数值模拟研究为主,研究再生水地面入渗回灌后,土壤化学性质变化、潜水含水层水质变化以及土壤层对主要污染物的去除效果;分析在管井注入后经土壤层渗滤再到潜水含水层和在直接注入到潜水含水层两种途径下,潜水含水层水质变化规律。比较两种情况下,含水层储存空间容量、水环境容量与土壤环境容量等,据此筛选适宜于干旱区的再生水回灌与储存模式,并初步确定再生水回灌方式、储存空间及回灌水量与水质、回灌时间与周期等技术参数。

实施人工地下水回灌,需要根据当地的水文地质条件、回灌目的、回灌水水质、含水层功能、预处理水平等,设计相应的回灌模式。因此,实际的回灌工程必须因地制宜,而不是简单地套用地表回灌或者井灌模式,在设计上具有更大的灵活性。

本书前期研究工作基础较薄弱,在此,以地表渗滤方式为主开展荒漠再生水地下储存研究。采用地表渗滤方式进行回灌,除开展上述研究外,还对地下土壤层的实际净化作用进行土壤柱模拟试验。

2.2.2　再生水地下储存场地评价与选址

场地选择与评价需考虑选址的准则、回灌源水的可利用性以及回灌水的水质。所有地下水回灌系统都需要一定面积的土地,采用地表渗滤方式回灌时,要求有大面积的土地,且这种土地必须符合一定的技术要求。回灌工程勘探和选址工作的对象主要包括回灌的源水、土壤以及地下水 3 个部分。采用再生水回灌,须调查再生水污染物成分、水质特征及环境效应;掌握回灌场地土壤物理、化学、水力学性质。另外,对场地气象水文条件、地形和地表径流以及土地利用等基本情况也需详尽了解。

本书拟选取国家环境保护准噶尔荒漠绿洲交错区科学观测研究站附近场地作为研究区域。

2.3　研究区域自然概况

2.3.1　地理位置

国家环境保护准噶尔荒漠绿洲交错区科学观测研究站位于天山山脉博格达峰北麓、准噶尔盆地中部偏南,北靠古尔班通古特沙漠,南依发源于天山北坡的乌鲁木齐河、头屯河及三屯河下游三角洲,在距离乌鲁木齐近 100 km 的准噶尔盆地南缘新疆生产建设兵团农六师一零三团农场种畜站附近面积为 3 km^2 的区域,为沙漠与绿洲农田交错分布区。地理坐标为北纬 44°30′,东经

87°33′,海拔 430 m。

2.3.2 地形地貌

观测站地处乌鲁木齐河流域下游,见图 2-11。所在区域属天山山脉河流

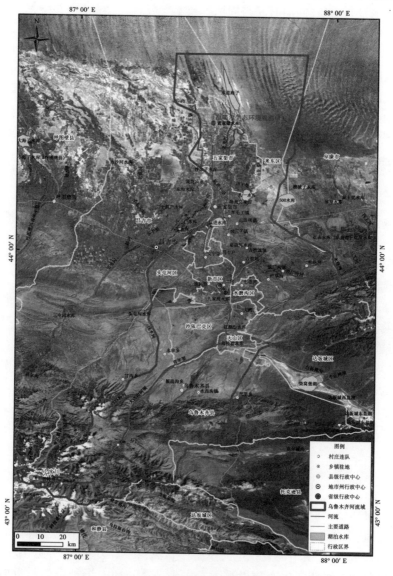

图 2-11 研究区域地形地貌图

冲积形成的冲积、洪积平原中下游,沉积厚度大于 400 m,大致分为冲积洪积平原和北部沙漠两大地貌单元。地貌形态南高北低,由南向北倾斜坡降 0.5‰~2.5‰,海拔 420~530 m。东道海子(湖)是乌鲁木齐河下游的尾闾湖,距观测站东北十几千米处,地理坐标为北纬 44°36′,东经 87°34′,海拔 415 m。湖泊向南与准噶尔盆地古尔班通古特沙漠南缘相接,向北深入至沙漠,发育在纵向沙垄之间,是北沙窝独特的地理结构形成的沙漠洼地。天山雪水随乌鲁木齐河流入猛进水库、青格达湖水库、八一水库、天然降雨以及上游农牧业灌溉后的剩余水进入东道海子,与西侧的白家海子、郑家海子等 5 个小湖连成一片,水域面积约 20 km²。

2.3.3 气候气象

该地属中温带气候,具有年内变化和昼夜温差变化大的干旱大陆性气候特点。据蔡家湖气象站(103 团气象台站)观测,年平均气温 5 ℃左右,最高气温 40~42 ℃,最低气温 -38~-40 ℃。干旱少雨,年降水量 100~127 mm,年蒸发量高达 2 177 mm。年平均风速为 2 m/s,极端最大风速为 28 m/s,冬季极端最大风速为 16 m/s。最多风向频率为东风和东北风,次多为西风和西南风。冬季东风及东偏北风出现频率较大;春季东风及东偏北风、西风及西偏南风、西北风的出现频率较大;夏季西风及西偏南风的出现频率较大。冬季积雪期平均长达 103 d,最大积雪厚度 17.65 cm。无霜期 150~190 d,≥10 ℃以上积温 3 490 ℃,全年太阳总辐射量 140.0 kcal/cm²,历年平均日照时数 2 800~3 000 h。

2.3.4 土壤与自然植被

研究区内北部沙丘多为垄状,呈 NNW-SSE 向,夹角 20°左右,丘间低地分布有龟裂状灰漠土、残余沼泽土、龟裂土、典型盐土。站内西部和南部是 103 团场的农田分布区,间或有一些独立的沙丘分布。土壤主要为灰棕漠土,残存沼泽草甸土、草甸土、盐土等。研究区地处乌河下游末端,地势平缓,土质细而偏黏,气候干旱,水源少而排水条件差,土壤有不同程度的盐渍化,土壤质地沙黏不均,颇复杂,大部分以重壤轻黏壤为主,西戈壁以红黏土为主,老龙河沿岸以壤土、沙壤土为主,土壤板结性强、结构差,有机质含量多数在 1%~1.5%,肥力较低,属中等偏下水平。

研究区内以荒漠植被为主,多为旱生和超旱生植物,伴生少量短命植物和类短命植物以及一年生植物。野生梧桐、梭梭、红柳、苦艾蒿、白蒿、蛇麻黄、囊果苔草和多种短命植物等物种颇多。严酷的生态环境条件导致了植被组成简单,类型单调,分布稀疏。木本植物、多年生草本植物以及一年生营养期植物都为旱生或超旱生植物,而早春短命植物大都为中生性植物。主要沙漠植物群落有白梭梭群落、梭梭柴群落、混合柽柳群落3种。以一零三团十四连为中心对其周围沙漠区域的植物进行采集工作,取得24科72属86种高等植物。

2.3.5　动物资源与种类

在中国动物地理区划中,观测站属蒙新区、西部荒漠亚区,以温带荒漠—荒漠草原动物为主。黄羊、骆驼、野兔等更是随处可见。根据野外调查、访问和查阅资料,该区域分布两栖类1种,爬行类8种,鸟类54种,哺乳类27种。按其种类组成,该区域与哈萨克斯坦巴尔喀什—阿拉库区系相类似,以啮齿类的种类和数量为最多。按其植被、地貌特征,该区域野生脊椎动物的生态分布可以划分为:荒漠边缘农田带、沙丘前壤质荒漠带、沙质荒漠带。

2.3.6　土地利用状况

在研究区域内,分布有农田耕地、盐碱地、沙地(沙漠)、撂荒地、建设用地、低覆盖度草地及荒漠植林等土地类型,其分布状况见图2-12。

观测站建设初期,其周边除了一零三团场的农田外,基本处于原生状态。随着经济的发展及人口的增长,一零三团场的耕作面积逐年增加,周边也相继建设了水利设施及工业园区。

2.3.7　水系及水文特征

2.3.7.1　水系

观测站所在区域地表水资源主要引自乌鲁木齐河、老龙河、头屯河,通过猛进水库、八一水库、沙山子水库调蓄,天山雪水随乌鲁木齐河流入猛进水库、青格达湖水库、八一水库,天然降雨以及上游农牧业灌溉后的剩余水进入东道海子,与西侧的白家海子、郑家海子等5个小湖连成一片,水域面积约20 km²。东道海子(湖)是乌鲁木齐河下游的尾闾湖,湖泊无出口,水力交换主要依靠降雨与蒸发,水体更新缓慢。见图2-13。

2.3.7.2　地下水及水文地质特征

地下水位于乌鲁木齐河冲积扇泉水溢出带以北,山前砾石带河床渗漏,冲积扇地区沿河道洪水渗透,上游灌溉及渠系输水渗漏,灌区内水库、渠系渗漏是灌区地下水的主要补给源。地下水流向自东南至西北,水位坡降0.6%,潜

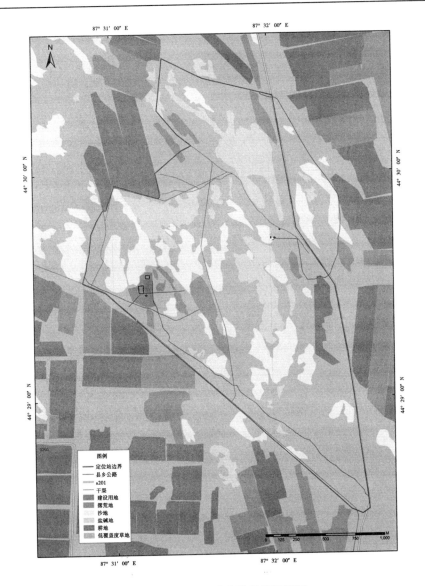

图 2-12　研究区域土地利用类型图

水层水位埋深大于 2 m,厚度为 19~23 m。300 m 以下有 5 个承压含水层,含水层总厚度为 101.33 m,水质 pH 值 7.5~7.9,总盐量 0.322~0.34 g/L,总硬度 7.132~17.433(德国度),属 $HCO_3-SO_4-Ca-Na$ 型水。

观测站所在区域位于天山山前凹陷带范围的第四系,地层为岩性次黏性土,粉细沙互层。地表层为亚沙土,淡黄色、松散,厚 19.56 m;第二层为亚黏

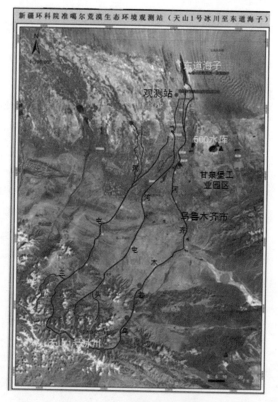

图 2-13　研究区域水系图

土,厚 9.43 m;第三层为亚沙土,厚 46.92 m;第四层为亚黏土,厚 8.93 m;第五层为砂砾,厚 8.90 m。地基承载压力 1.2~1.5 kg/cm²。地下水水位 1.2~3 m。地下水分布广,含水层多,水质好。由南向北,地下水水层厚度为 170~300 m,其流向与地势坡降一致。

　　研究区位于准噶尔盆地通古特沙漠南缘与南部细土平原接触带附近,以多层结构的孔隙含水层为主,根据《准噶尔盆地地下水资源及其环境问题调查评价》和相关资料,研究区富水性较弱,单位涌水量为 1 m³/(h·m),潜水含水层厚度为 30 m 左右,潜水含水层渗透系数值小于 5 m/d,潜水给水度为 0.05~0.08,分布有下伏承压含水层,其渗透系数可达 1~5 m/d。根据观测站潜水水位观测井提供的水位资料(见图 2-14)显示,观测站潜水水位埋深在 11 m 左右,承压水水位埋深在 15 m 左右,该地区潜水碱性较大,因此附近灌区大部分开采井为承压水井。图 2-14 为研究区(观测站)水源井成井柱状图,该井由五家渠宏源钻井队施工,采用冲击钻凿井,孔深 100.0 m。

项目名称	中国环境科学研究院凿井工程				施工单位	五家渠宏源钻井队
建设单位	中国环境科学研究院		机组	冲击钻	孔深	100 m
地层名称	下管记录 (m)	底板深度 (m)	岩层厚度 (m)	井身结构 1:1 000	岩性名称	说明
第四系 (Q)	井壁管50.00	50.00	50.00	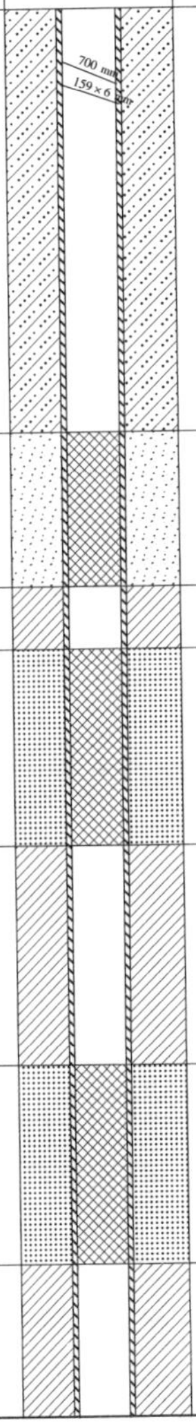	黏土 亚砂土 互层	井深100 m，井径为700 mm，根据物探测井资料及钻探记录划分含水层及止水层。 下入ϕ159×6 mm螺旋焊钢管100.5 m，其中：井壁管11根，共64.00 m；缠丝滤水管5根，计30.00 m；下入沉淀管1根，计6.00 m；井管高出地面0.50 m。采用动水填砾填入ϕ3~8 mm优质浑阀水洗砾料60 m^3。
	滤水管6.00	56.00	6.00		细砂	
	井壁管2.00	58.00	2.00		黏土	
	滤水管12.00	70.00	12.00		中细砂	
	井壁管12.00	82.00	12.00		黏土	
	滤水管12.00	94.00	12.00		中细砂	
	沉淀管6.00	100.00	6.00		黏土	

制表人：×× 　　　　测井人员：×××　　　　　　审核人：×××

图 2-14　观测井成井柱状图

研究区位于乌鲁木齐河、头屯河及三屯河下游,分布有第四系潜水-承压水。上覆潜水由南向北含水层颗粒逐渐变细,地下水径流逐渐变缓,潜水埋深逐渐变浅,地面蒸发不断增强,水质逐渐变差。安宁渠、米泉以北至五家渠一带,潜水化学类型为 $HCO_3 \cdot SO_4-Na \cdot Ca$ 型,总溶解固体 TDS 小于 1 g/L;向北至米泉西庄子一带潜水化学类型为 $SO_4 \cdot Cl-Na \cdot Mg$ 型,TDS 为 2.38 g/L;蔡家湖以北水平径流带滞缓,潜水受强烈蒸发作用影响,水化学类型为 $SO_4 \cdot Cl-Na$ 型,TDS 为 3~10 g/L;北部东道海子一带,蒸发是地下水的主要排泄方式,造成盐分聚积,水质极差,潜水化学类型为 $SO_4 \cdot Cl-Na$ 型,TDS 大于 10 g/L,局部最高达几十克/升。

下伏承压水比上部潜水水质好,但仍具有水平分带性,由南部的 $HCO_3-Ca \cdot Na$ 型、$HCO_3 \cdot SO_4-Na \cdot Ca$ 型,TDS 小于 0.5 g/L,过渡到北部区一零五团—阿什里乡——零三团十五连一带的 $SO_4 \cdot Cl-Na$ 型,TDS 小于 1 g/L,一零五团八连—103 芒硝厂一带为 $Cl \cdot SO_4-Na$ 型,TDS 由小于 1 g/L 增至 1~2 g/L,垂向差异不明显。

2.3.7.3 地下水水位动态变化状况

据观测站潜水观测井 2014 年 11—12 月的水位观测数据显示,研究区潜水水位埋深大约在 11.4 m,见图 2-15。

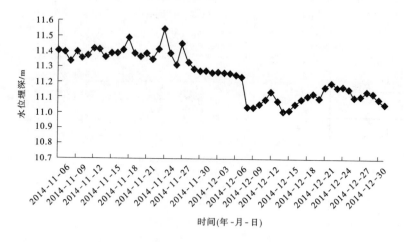

图 2-15 研究区地下水水位动态变化曲线图

2.3.7.4 地下水水质现状

研究区地下水水质分析共设采样点两个,G-1 为观测站一眼承压水井,

G-2 为观测站—眼潜水观测井,本次水样采集时间为 2015 年 10 月,检测项目包括采样点的色度、浑浊度、嗅和味、水温、溶解氧、pH 值、氟化物、硝酸盐、亚硝酸盐、氨氮、总磷、挥发酚、COD_{Cr}、铬(六价)、砷、铜、铅、锌、镉等共计 19 项指标,其中,水温、色度、浑浊度、嗅和味、pH 值和 DO 为现场测定。研究区地下水水质状况如表 2-1 所示。

表 2-1　地下水环境质量监测结果

序号	项目	G-1	G-2
1	色度	无色	黄绿色
2	浑浊度	62.2	59.6
3	嗅和味	有异味	有异味
4	水温	12.050	10.884
5	溶解氧	11.065	10.188
6	pH 值	9.424	10.260
7	氟化物	0.679	0.465
8	硝酸盐	0.871	0.228
9	亚硝酸盐	0.088	0.044
10	氨氮	0.044	0.052
11	总磷	0.08	0.07
12	挥发酚	<0.000 3	<0.000 3
13	COD_{cr}	<10	<10
14	铬(六价)	<0.004	<0.004
15	砷	0.012 1	<0.000 2
16	铜	0.055	0.038
17	铅	<0.02	0.451
18	锌	<0.001	0.037
19	镉	<0.004	<0.004

注:表中 pH 值为无量纲变量,水温单位为 ℃,其他各指标单位均为 mg/L。

参考文献

[1] 清华大学. 雨洪水和再生水回灌地下水模式和水安全研究[R]. 北京:清华大学, 2010,11.

[2] 清华大学. 雨洪水和再生水回灌地下水模式运行管理要求[R]. 北京:清华大学, 2010,12.

[3] 云桂春,成徐州. 水资源管理的新战略:人工地下水回灌[M]. 北京:中国建筑工业出版社,2004.

第 3 章　新疆城镇污水再生利用的可行性与安全保障

3.1　新疆城镇生活污水排放与处理现状

3.1.1　新疆城镇生活污水及主要污染物排放情况

3.1.1.1　全区生活污水排放现状

本书研究以城镇生活污水为主要考虑对象。由于数据收集困难,目前仅有2011—2013 年的相关数据,可反映新疆城镇生活污水排放的情况,见表 3-1。

表 3-1　新疆 2011—2013 年城镇生活污水排放情况

年份	生活污水排放量（亿 t）	生活污水中 COD 排放量（万 t）	生活污水中氨氮排放量（万 t）
2011	4.97	11.71	2.02
2012	5.90	11.02	2.04
2013	6.06	10.80	1.99

2012 年,全区城镇人口 909.27 万人,城镇生活用水总量 7.10 亿 t,生活污水排放量 5.90 亿 t,生活污水中排放的化学需氧量 11.02 万 t,排放的氨氮2.04 万 t。其中,城市生活污水排放量 4.32 亿 t,占全区生活污水排放量的73.2%;城市生活污水中排放的化学需氧量 4.80 万 t,氨氮 1.18 万 t,分别占全区生活化学需氧量的 43.6%和氨氮的 57.8%。新疆 2012 年城市生活污水及污染物排放比例见图 3-1。

2013 年,全区城镇人口 928.17 万人,城镇生活用水总量 7.27 亿 t,生活污水排放量 6.06 亿 t,生活污水中排放的化学需氧量 10.80 万 t,排放的氨氮1.99 万 t。其中,城市生活污水排放量 4.43 亿 t,占全区生活污水排放总量的73.10%,城市生活污水中排放的化学需氧量 4.80 万 t,氨氮 1.13 万 t。新疆2013 年城市生活污水排放比例见图 3-2。

从排放区域来看,2013 年,排放城镇生活污水的主要地州市是乌鲁木齐

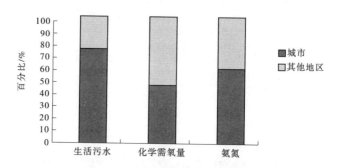

图 3-1　新疆 2012 年城市生活污水及污染物排放比例

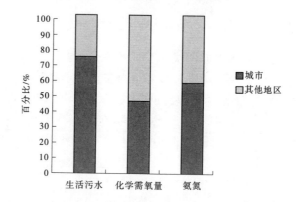

图 3-2　新疆 2013 年城市生活污水及污染物排放比例

市、伊犁州、喀什地区、阿克苏地区和巴音郭楞州。因数据不全,在此列出 2012 年各区域城镇生活污水排放情况,见图 3-3。

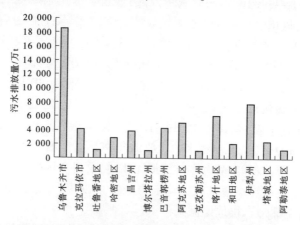

图 3-3　2012 年新疆各地州城镇生活污水排放情况

3.1.1.2　新疆城镇生活污水排放去向

2012 年,全区 18 座城镇二级污水处理厂排放的 25 614.55 万 t 污水直接进入地表水体,占全区城镇二级污水处理厂污水排放量的 66.24%,排入的水体为头屯河、水磨河、玛纳斯河、博尔塔拉河、博斯腾湖、开都河、阿克苏河、多浪河、克孜河、伊犁河、特克斯河、克兰河等;5 座城镇二级污水处理厂排放的 929.26 万 t污水用于农田灌溉,占 2.4%;12 座城镇二级污水处理厂排放的 6 598.97 万 t 污水排向荒漠,占 17.07%。城镇二级污水处理厂污水排放去向见图 3-4。

全区有 24 座氧化塘 4 282.98 万 t 污水地渗蒸发或进入荒漠,占氧化塘污水排放量的 45.78%;有 7 座氧化塘 1 040.27 万 t 污水直接排入地表水体,占11.12%,排入的水体为精河、渭干河、巩乃斯河、伊犁河、尼勒克喀什河、额敏河、金沟河;有 6 座氧化塘 1 165.21 万 t 污水用于农田灌溉,占 12.45%。氧化塘污水及主要污染物排放去向比例见图 3-5。

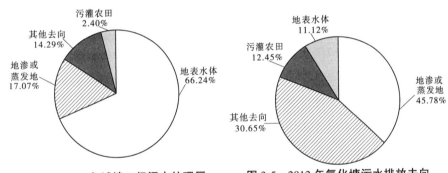

图 3-4　2012 年城镇二级污水处理厂　　　图 3-5　2012 年氧化塘污水排放去向
　　　污水排放去向

2013 年,城镇二级污水处理厂中有 21 座污水直接排放进入地表水体,排入的水体为头屯河、水磨河、玛纳斯河、博尔塔拉河、博斯腾湖、阿克苏河、克孜河、特克斯河、克兰河等,排放污水 13 223.18 万 t,占全区城镇二级污水处理厂污水排放量的 38.24%,去除化学需氧量 51 067.73 t,去除氨氮 3 846.334 t,分别占城镇二级污水处理厂化学需氧量、氨氮去除量的 40.2% 和 30.1%;有2 座排放污水用于农田灌溉,污水排放量 10 258.77 万 t,占 29.68%,去除化学需氧量 38 774.7 t,去除氨氮 5 465.051 t,分别占化学需氧量、氨氮去除量的30.5% 和 42.8%;有 25 座污水排向荒漠,污水排放量 11 093.463 万 t,占32.08%,去除化学需氧量 37 308.49 t,去除氨氮 3 460.55 t,分别占化学需氧量、氨氮去除量的 29.3% 和 27.1%。城镇二级污水处理厂污水排放去向见图 3-6。

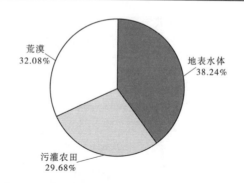

图 3-6　2013 年城镇二级污水处理厂污水排放去向

3.1.1.3　主要污染物排放现状分析

2012 年,排放生活污水化学需氧量及氨氮的主要区域是乌鲁木齐市、伊犁州、喀什地区、阿克苏地区和巴音郭楞州。2010 年以来,新疆生活污水化学需氧量、氨氮增量中增长较大的地州市依次为乌鲁木齐市、昌吉州、喀什地区、哈密地区等地。2012 年各区域城镇生活污水化学需氧量和氨氮排放情况见图 3-7、图 3-8。

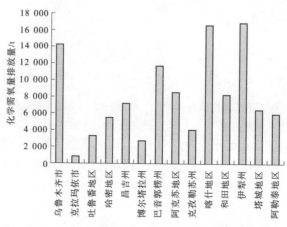

图 3-7　2012 年区域城镇生活污水化学需氧量排放情况

2002—2013 年间,全区城镇生活污水及其污染物排放变化趋势大体是,污水排放量逐年增加,但增势逐渐放缓,全区城镇生活污水排放量由 2002 年的 37 786 万 t 增加到 2013 年的 60 600 万 t,见图 3-9。城镇生活污水中 COD 排放量整体趋势比较平稳,COD 排放量由 2002 年的 98 891.9 t 略微增加到 2012 年的 108 146.8 t,见图 3-10。城镇生活污水中氨氮排放量整体呈现明显

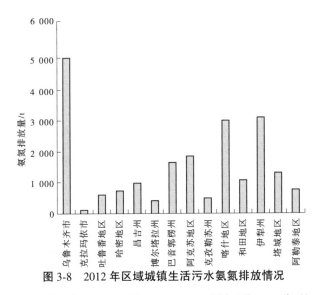

图 3-8 2012 年区域城镇生活污水氨氮排放情况

增长趋势,氨氮排放量由 2002 年的 15 809.3 t 增加到 2013 年的 19 933.01 t,见图 3-11。COD 减排效果明显优于氨氮,从 2009 年起 COD 排放量持续下降,氨氮减排效果则基本保持稳定。

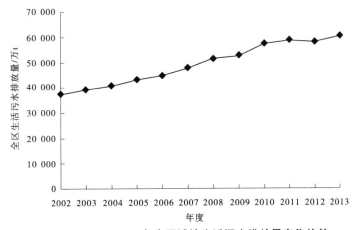

图 3-9 2002—2013 年全区城镇生活污水排放量变化趋势

3.1.2 新疆城镇生活污水治理及达标排放情况

3.1.2.1 总体情况

全区废水集中处理量 4.80 亿 t,其中处理工业废水 0.67 亿 t,生活污水

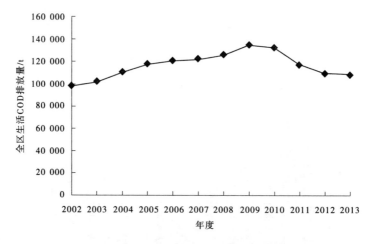

图 3-10　2002—2013 年全区城镇生活污水 COD 排放量变化趋势

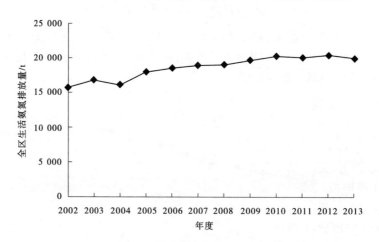

图 3-11　2002—2013 年全区城镇生活污水氨氮排放量变化趋势

4.13 亿 t,生活污水处理率 79.20%,化学需氧量去除量 16.94 万 t,氨氮去除量 1.57 万 t。

城市二级生活污水处理量 3.49 亿 t,处理率 78.78%,化学需氧量去除量 14.03 万 t,氨氮去除量 1.36 万 t。

3.1.2.2　区域(流域)情况

2013 年,克拉玛依市和乌鲁木齐市生活污水处理率最高,分别为 89.1% 和 85.3%;塔城地区、昌吉州、博尔塔拉州、吐鲁番地区和阿克苏地区 5 地州在 60%~80%;巴音郭楞州、和田地区、阿勒泰地区及喀什地区 4 地州在 40%~

60%；哈密地区、伊犁州和克孜勒苏柯尔克孜自治州 3 地州在 40% 以下,分别为 37.67%、33.12% 和 19.82%。2013 年区域生活污水处理情况见图 3-12。

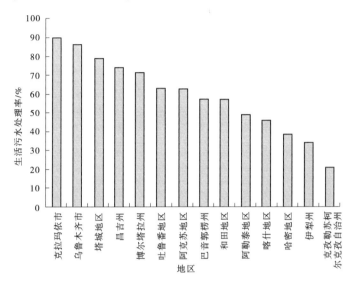

图 3-12　2013 年区域生活污水处理情况

3.1.2.3　达标情况

2013 年,全区 46 座国控城镇污水处理厂中,41 座二级污水处理厂平均达标率为 20%,5 座一级污水处理厂平均达标率为 15%,主要超标因子为粪大肠菌群、悬浮物、氨氮、生化需氧量、化学需氧量、总磷和总氮等。

21 座国控二级污水处理厂化学需氧量全年达标排放;9 座全年未达标,其中二级污水处理厂 5 座,一级污水处理厂 4 座。14 座国控二级污水处理厂氨氮全年达标排放;4 座全年未达标。

3.1.3　新疆城镇污水处理厂基本情况

3.1.3.1　新疆城镇污水处理厂建设运行现状

2013 年,新疆共建成投运城镇污水处理厂 103 座(不含兵团),总设计污水处理能力 271.1 万 m³/d,年实际污水处理总量 4.5 亿 t。其中,二级污水处理厂 47 座,设计处理能力 201.5 万 m³/d,年污水处理量 3.5 亿 t,一级氧化塘 50 座,设计处理能力 67.56 万 m³/d。与 2007 年相比,新疆二级污水处理厂的数量、设计处理能力和污水处理量均有大幅提升,如图 3-13～图 3-15 所示。

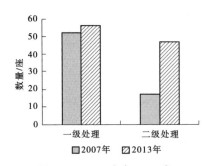

图 3-13 2007 年与 2013 年
新疆污水处理厂数量对比

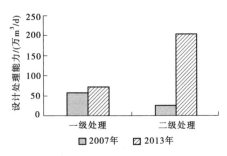

图 3-14 2007 年与 2013 年
新疆污水处理厂设计处理能力对比

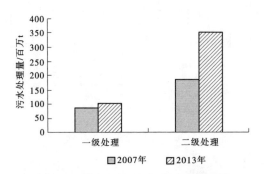

图 3-15 2007 年与 2013 年新疆污水处理量对比

3.1.3.2 规模工艺分布现状

从工艺上来看,新疆投运的 103 座污水处理厂中,采用的一级污水处理均为氧化塘工艺,二级处理工艺包括氧化沟、BAF、SBR、AB 法、A_2/O 法和 CASS 等 6 种。从规模上看,设计处理能力在 5 万 m^3/d 以下的污水处理厂建设数量最多,5 万 m^3/d 以上的污水处理厂较少,这种情况与新疆中、小城镇多,大城镇少,人口较分散的现状一致。目前,不同规模污水处理厂在工艺选择上存在较大差异,10 万 m^3/d 以上规模采用了 AB 法、A_2/O 法和 SBR 等 3 种工艺,氧化沟工艺覆盖了 10 万 m^3/d 以下的所有规模,是新疆应用最广泛的污水处理工艺,而 BAF 法主要应用于 5 万 m^3/d 以下规模。新疆污水处理厂处理工艺及规模分布见图 3-16。

3.1.3.3 新疆二级城镇污水处理厂主要污染物去除率情况

新疆全年气温变化幅度较大,夏、秋两季气温明显高于春、冬两季,通过分析主要污染物处理效率四季变化的特点,可以得到气温与处理效率相关性结果。现针对 2014 年运行状况较稳定的六类污水处理厂监测数据开展分析,类

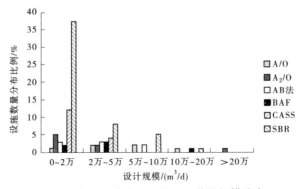

图 3-16　新疆污水处理厂处理工艺及规模分布

型包括 A/O、A_2/O、BAF、CASS、SBR 和氧化沟等处理工艺,研究 COD_{Cr}、BOD_5、NH_3-N、SS 和总磷等 5 项主要污染物去除率的变化规律。

1. COD_{Cr} 和 BOD_5 去除率变化情况

从新疆 4 年监测数据来看,在运行管理措施得当的情况下,各类污水处理工艺 COD_{Cr}、BOD_5 去除率均达到 90% 以上。在运行管理不佳时,6 类污水处理工艺对 COD_{Cr} 去除率存在一定差距,A_2/O 法低于 75%,其他 5 类污水处理工艺的去除率在 40%~50%。BOD_5 去除率在运行管理不佳时,A_2/O 法、BAF 法和 CASS 法低于 70%,A/O 法、SBR 法和氧化沟法低于 40%。

通过对去除率高于 85% 的次数统计,A/O 法、CASS 法和氧化沟法等污水处理工艺对 COD_{Cr}、BOD_5 的去除率在夏、秋季高于春、冬季,A_2/O 法、BAF 法和 SBR 法等工艺在夏、秋季与春、冬季持平。

2. SS 去除率变化规律

总体来看,新疆 6 类二级污水处理工艺对 SS 的最佳去除率均大于 90%,在运行管理情况不佳时,A_2/O 法和 BAF 法的去除率低于 65%,其他污水处理工艺的 SS 去除率则为 35%~45%。

从四季变化上来看,各处理工艺在 SS 去除率达到 85% 以上的次数上有所差异,A/O 法、CASS 法和氧化沟法在夏、秋两季高于春、冬两季,其他三类处理工艺基本持平。

3. NH_3-N 去除率与季节的关系

新疆 6 类污水处理工艺对 NH_3-N 的最佳去除率达到 90% 以上,在运行管理不佳的情况下,各类处理工艺的 NH_3-N 去除率有较大差距,A_2/O 法和 CASS 法在 70% 左右,其余四类处理工艺为 20%~46%。

季节变化对脱氮效率的影响主要表现为气温影响水温,进而影响硝化反应。统计 4 年间 NH_3-N 去除率达到 85% 以上的次数,A/O、A_2/O、BAF、SBR 和氧化沟等 5 类处理工艺在夏、秋两季均高于春、冬两季,CASS 法持平。

4. 总磷去除率与季节的关系

在除磷方面,6 类污水处理工艺的最佳去除率达到 90% 以上,而运行管理不佳的情况下,CASS 法和 A_2/O 法的总磷去除率低于 60%,其他 4 类处理工艺去除率为 20%~30%。气温变化对各类处理工艺的总磷去除率均有一定影响,6 类污水处理工艺均表现出夏、秋两季高于春、冬两季的情况。

3.2   乌鲁木齐市污水处理厂水质特征调查与分析

3.2.1   乌鲁木齐市国控污水处理厂及其运行情况

3.2.1.1   国控污水处理厂基本情况

通过对乌鲁木齐市 2014—2016 年 10 家国控污水处理厂的基本情况进行调查,可了解:①各污水处理厂除八钢生活污水处理厂超负荷运转外,其他实际运行规模均低于设计处理规模,甚至达不到设计规模的一半。②各污水处理厂至少达到《城镇污水处理厂污染物排放标准》(GB 18918—2002)二级排水标准,均采用活性污泥法、氧化沟、吸附-生物降解、二级生化处理等生物处理技术。达到一级 B 排水标准的污水厂则要采用氧化沟、SBR(序批式活性污泥法)生化处理工艺。米东科发再生水有限公司达到一级 A 排水标准,采用在生化处理技术 A/A/AO 的基础上,进一步配置 MBR 膜生物反应器技术,以做到达标排放。③乌鲁木齐多数污水处理厂均接收所在区域的生活污水及部分城市工业废水。仅有八钢生活污水处理厂、头屯河区西站污水处理厂仅处理区域生活污水,雅玛里克山污水处理厂及水磨沟区虹桥污水处理厂两个季节性运行的污水厂除缓解周边污水处理厂的压力外,还接收区域部分生活污水。④乌鲁木齐市污水处理厂多数为二级排水标准,多用于农田污灌或荒山绿化。两个季节性运行的污水厂达到二级排水标准的出水均满足主城区绿化需要。一级 B 标准出水的新疆中德丰泉污水有限公司出水用于城市园林绿化及农业生产,部分补充老龙河河水。米东科发再生水有限公司达到一级 A 排水标准后用于城市景观、绿化及部分工业用水的水源。乌鲁木齐市各国控污水处理厂基本情况见表 3-2。

3.2.1.2   国控污水处理厂出水水质

根据对 2014 年 4 个季度乌鲁木齐 8 家国控污水处理厂的再生水水质调

表 3-2　乌鲁木齐市各国控污水处理厂基本情况

序号	污水处理厂名称	综排标准	设计规模/(万 m³/d)	实际处理量/(万 m³/d)	主要处理工艺	再生水去向	服务区域	备注
1	乌鲁木齐河东威立雅水务有限公司	二级	40	25.76	采用活性污泥法处理工艺	下游的农用灌溉、绿化和砂场洗砂	天山区、沙区、高新区（新市区）、水区部分城市生活废水及生活污水	
2	乌鲁木齐河西水务有限公司	一级 B	10	4.73	采用氧化沟处理工艺		七道湾	
3	乌鲁木齐八钢生活污水处理厂	一级 B	2.5	3.6	采用 SBR（序批式活性污泥法）处理工艺		雅山片区及雅山周围居民住宅小区	
4	乌鲁木齐头屯河区西站污水处理厂	二级（2016 年二季度后执行一级 B）	1.6	1.58	采用活性污泥法处理工艺		水磨沟区生活污水	
5	乌鲁木齐水务（集团）污水处理公司	二级	7	4.4	采用氧化沟处理工艺			
6	新疆中德丰泉污水处理有限公司	一级 B	4	3.78	采用 AICS 处理工艺（内循环活性污泥工艺）	城市园林绿化、农业生产，补充老龙河河水	乌鲁木齐火车西站地区、头屯工业区的生活、生产废水	

续表 3-2

序号	污水处理厂名称	综排标准	设计规模/（万 m³/d）	实际处理量/（万 m³/d）	主要处理工艺	再生水去向	服务区域	备注
7	乌鲁木齐雅玛里克山污水处理厂	二级	5	0.42	采用二级生化处理工艺			季节性，现停产，技改
8	乌鲁木齐水磨沟区虹桥污水处理厂	二级	3	1.87	采用 AB 法处理工艺	用于 8 000 余亩荒山绿化	缓解河东、七道湾两大污水处理厂的压力，还承担乌鲁木齐市北站片区、民航机场片区等北部的污水处理任务	季节性，现停产，技改
9	乌鲁木齐米东科发再生水有限公司	一级 A	4		采用"MBR-膜生物反应器"技术（A/A/AO+MBR）	可以直接作为城市景观、绿化及部分工业用水的水源		
10	乌鲁木齐再生水有限公司七道湾污水处理有限公司	二级						
11	乌鲁木齐甘泉堡污水处理有限公司	一级 B						
12	乌鲁木齐城北再生水有限公司	一级 B						

查,各污水处理厂出水水质见表3-3。根据分析,乌鲁木齐市国控污水处理厂出水水质超标情况见表3-4。可看出:①8个乌鲁木齐市国控污水处理厂中除两个季节性运行的乌鲁木齐雅玛里克山污水处理厂及乌鲁木齐水磨沟区虹桥污水处理厂外,仅有个别项目超标,且超标倍数不高,主要为总氮及总磷,集中在二、三季度。②乌鲁木齐雅玛里克山污水处理厂及乌鲁木齐水磨沟区虹桥污水处理厂仅在二、三季度运行,且整个运行期间超标项目较多,尤其是粪大肠菌群数超标严重,其他指标超标倍数不高。

3.2.2 乌鲁木齐市再生水厂及再生水利用情况

据水利部统计,乌鲁木齐市在严重缺水的32个大城市中排名第4位,2016年,全市绿地需要灌溉用水约1亿 m^3,约占全市用水总量的10%,主要以自来水(约占50%以上)、地下水、再生水为水源,其中再生水用量2 100万 m^3,其余均为自来水和地下水,这使得城市有限的水资源更加紧缺。乌鲁木齐市应充分利用再生水资源来缓解生态绿化用水短缺。乌鲁木齐市夏季是用水高峰期,绿化、建设等各类用水需求叠加,使得很多河流出现断流,再生水的利用,可以减少高峰期对自来水的过度依赖。再生水作为一种重要的再生资源,多被作为工业用水、绿化灌溉用水、城市景观用水或排入地表河流补给河道等,不仅可缓解城市供水紧张,而且对减少污染、改善生态环境起到积极作用。

据了解,2015年,乌鲁木齐市再生水利用量3 568.29万 m^3,利用率超过20%。虽然利用率较往年有所提高,但总体仍较低,而城市发展用水已超出"红线"。按照市政府《关于乌鲁木齐再生水利用专项规划的批复》,2017年,新疆乌鲁木齐市再生水置换清洁水量达到2.19亿 m^3,2020年达3.39亿 m^3。截至2015年,乌鲁木齐市建成并运行的城市污水集中处理厂、再生水厂9座,日处理规模79.5 m^3;在建、改(建)或试运行的城市污水集中处理厂、再生水厂9座,日处理规模46.41万 m^3。

乌鲁木齐市再生水利用起步晚,一方面,再生水的购买市场小,运营成本高,没有价格优势等,这些因素影响再生水利用的推广;另一方面,基础设施建设相对滞后,主要供水厂集中在城市北部,相关法规制度、政策、措施等还在完善之中,需要加快进程。为此,建议部分未达到国家现行规定排放和回用标准的污水处理厂要进行提标改造,保障再生水水质达到生态绿化和景观用水。在政策层面,建议应尽快研究制定《乌鲁木齐市再生水使用办法》,立法明确将再生水纳入水资源管理、绿化必须使用再生水,同时制订再生水优惠政策、补贴措施,通过一定的行政措施推进再生水利用工作。通过制订和利用合理

表 3-3　乌鲁木齐市各国控污水处理厂出水水质一览表

污水处理厂名称	执行标准	监测项目	标准限值	单位	一季度 排放浓度	一季度 超标倍数	二季度 排放浓度	二季度 超标倍数	三季度 排放浓度	三季度 超标倍数	四季度 排放浓度	四季度 超标倍数
乌鲁木齐河东威立雅水务有限公司	GB 18918—2002 二级	pH 值	6~9	无量纲	7.4		7.7		7.3~7.4		7.2	
		生化需氧量	30	mg/L	3.6		7.3		7.3		17	
		总磷	3	mg/L	1.8		1.89		1.51		1.38	
		化学需氧量	100	mg/L	29		22		28		35	
		色度	40	倍	8		16		8		8	
		总汞	0.001	mg/L	0.000 16		0.000 05		0.000 1		<0.000 01	
		总镉	0.01	mg/L	<0.000 1		<0.000 1		<0.000 1		<0.000 1	
		总铬	0.1	mg/L	<0.05		<0.05		<0.05		<0.05	
		六价铬	0.05	mg/L	0.005		0.008		0.007		0.01	
		总砷	0.1	mg/L	0.001 4		0.001 2		0.001 2		0.001 05	
		总铅	0.1	mg/L	<0.001		<0.001		<0.001		<0.001	
		悬浮物	30	mg/L	4		4		6		11	
		阴离子表面活性剂	2	mg/L	0.13		0.21		0.16		0.11	
		粪大肠菌群数	10 000	个/L	72		<20		<20		<20	
		氨氮	30	mg/L	41.7	0.39	48.6	0.39	39.4	0.58	42.9	0.72
		总氮	—	mg/L	48.8		51.2		42.6		44.4	
		石油类	5	mg/L	0.04		<0.01		<0.01		0.03	
		动植物油	5	mg/L	0.15		0.29		0.26		0.18	

续表 3-3

污水处理厂名称	执行标准	监测项目	标准限值	单位	一季度排放浓度	一季度超标倍数	二季度排放浓度	二季度超标倍数	三季度排放浓度	三季度超标倍数	四季度排放浓度	四季度超标倍数
乌鲁木齐河西水务有限公司	GB 18918—2002 一级 B	pH 值	6~9	无量纲	6.95		7.2		7.4~7.5		7.6	
		生化需氧量	20	mg/L	1.6		4.2		1.4		1.3	
		总磷	1	mg/L	0.124		0.245		0.49		0.341	
		化学需氧量	60	mg/L	14		28		17		9	
		色度	30	倍	4		2		2		2	
		总汞	0.001	mg/L	0.000 44		0.000 12		0.000 31		0.000 99	
		总镉	0.01	mg/L	<0.000 1		<0.000 1		<0.000 1		<0.000 1	
		总铬	0.1	mg/L	<0.05		<0.05		<0.05		<0.05	
		六价铬	0.05	mg/L	0.005		0.012		<0.004		0.007 5	
		总砷	0.1	mg/L	0.000 8		<0.000 5		0.000 6		0.000 7	
		总铅	0.1	mg/L	<0.001		<0.001		<0.001		<0.001	
		悬浮物	20	mg/L	4		4		<4		7	
		阴离子表面活性剂	1	mg/L	<0.05		0.08		0.07		0.20	
		粪大肠菌群数	10 000	个/L	<20		<20		<20		<20	
		氨氮	15	mg/L	5.97		6.45		0.133		0.527	
		总氮	20	mg/L	25.7	0.29	25.8	0.29	2.9		1.24	
		石油类	3	mg/L	0.04		<0.01		<0.01		0.07	
		动植物油	3	mg/L	0.1		0.11		0.03		0.24	

续表 3-3

污水处理厂名称	执行标准	监测项目	标准限值	单位	一季度 排放浓度	一季度 超标倍数	二季度 排放浓度	二季度 超标倍数	三季度 排放浓度	三季度 超标倍数	四季度 排放浓度	四季度 超标倍数
乌鲁木齐八钢生活污水处理厂	GB 18918—2002 一级B	pH 值	6~9	无量纲	7.0		7.9		7.3~7.5		7.8	
		生化需氧量	20	mg/L	9.2		1.7		1.0		0.6	
		总磷	1	mg/L	0.579		0.346		1.92	0.92	0.97	
		化学需氧量	60	mg/L	53		24		19		24	
		色度	30	倍	8		8		8		16	
		总汞	0.001	mg/L	0.000 1		0.000 16		0.000 11		0.000 05	
		总镉	0.01	mg/L	<0.000 1		<0.000 1		<0.000 1		<0.000 1	
		总铬	0.1	mg/L	<0.05		<0.05		<0.05		<0.05	
		六价铬	0.05	mg/L	<0.004		<0.004		<0.004		0.006	
		总砷	0.1	mg/L	0.001 4		0.002 3		0.001 4		0.001 6	
		总铅	0.1	mg/L	<0.001		<0.001		<0.001		<0.001	
		悬浮物	20	mg/L	8		7		9		<4	
		阴离子表面活性剂	1	mg/L	0.09		0.11		0.14		0.25	
		粪大肠菌群数	10 000	个/L	220		415		478		<20	
		氨氮	8	mg/L	2.19		0.204		0.583		0.552	
		总氮	20	mg/L	32.8	0.64	11.6		17.4		9.54	
		石油类	3	mg/L	<0.01		<0.01		<0.01		0.06	
		动植物油	3	mg/L	0.16		0.06		0.06		0.1	

续表 3-3

污水处理厂名称	执行标准	监测项目	单位	标准限值	一季度 排放浓度	一季度 超标倍数	二季度 排放浓度	二季度 超标倍数	三季度 排放浓度	三季度 超标倍数	四季度 排放浓度	四季度 超标倍数
乌鲁木齐头屯河区西站污水处理厂	GB 18918—2002 二级	pH 值	无量纲	6~9	7.1		7.2		7.7~7.9		7.4	
		生化需氧量	mg/L	30	10.6		2.9		3.7		3.5	
		总磷	mg/L	3	0.36		0.078		0.105		0.309	
		化学需氧量	mg/L	100	49		8		11		20	
		色度	倍	40	16		12		8		16	
		总汞	mg/L	0.001	0.000 25		0.000 06		0.000 12		0.000 17	
		总镉	mg/L	0.01	<0.000 1		<0.000 1		<0.000 1		<0.000 1	
		总铬	mg/L	0.1	<0.05		<0.05		<0.05		<0.05	
		六价铬	mg/L	0.05	<0.004		<0.004		<0.004		<0.004	
		总砷	mg/L	0.1	0.003		0.000 7		0.000 8		0.000 6	
		总铅	mg/L	0.1	<0.001		<0.001		<0.001		<0.001	
		悬浮物	mg/L	30	12		9		12		20	
		阴离子表面活性剂	mg/L	2	0.2		0.18		0.06		0.22	
		粪大肠菌群数	个/L	10 000	150		442		105		155	
		氨氮	mg/L	30	14.7		5.51		2.71		5.18	
		总氮	mg/L	—	29.7		27.8		7.5		32.6	
		石油类	mg/L	5	0.05		0.15		<0.01		0.14	
		动植物油	mg/L	5	0.06		0.17		0.36		0.34	

续表 3-3

污水处理厂名称	执行标准	监测项目	单位	标准限值	一季度 排放浓度	一季度 超标倍数	二季度 排放浓度	二季度 超标倍数	三季度 排放浓度	三季度 超标倍数	四季度 排放浓度	四季度 超标倍数
乌鲁木齐水务(集团)污水处理公司	GB 18918—2002 二级	pH值	无量纲	6~9	7.2		7.4		6.8~6.9		7.0	
		生化需氧量	mg/L	30	23.2		4.2		1.6		2.25	
		总磷	mg/L	3	2.33		36.5	11.17	3.33		1.78	
		化学需氧量	mg/L	100	48		31		21		23	
		色度	倍	40	16		8		8		8	
		总汞	mg/L	0.001	0.000 07		0.000 19		0.000 15		0.000 06	
		总镉	mg/L	0.01	<0.000 1		<0.000 1		<0.000 1	0.11	<0.000 1	
		总铬	mg/L	0.1	<0.05		0.05		<0.05		<0.05	
		六价铬	mg/L	0.05	0.02		<0.004		<0.004		0.004	
		总砷	mg/L	0.1	0.001 4		0.001 8		0.002 0		0.002 0	
		总铅	mg/L	0.1	<0.001		<0.001		<0.001		<0.001	
		悬浮物	mg/L	30	24		17		12		16	
		阴离子表面活性剂	mg/L	2	0.83		0.2		0.14		0.22	
		粪大肠菌群数	个/L	10 000	305		<20		65		<20	
		氨氮	mg/L	30	14.5		0.272		0.283		2.34	
		总氮	mg/L	—	33.2		2.19		30.4		25.2	
		石油类	mg/L	5	0.14		0.05		<0.01		0.08	
		动植物油	mg/L	5	0.12		0.1		0.14		0.61	

续表 3-3

污水处理厂名称	执行标准	监测项目	标准限值	单位	一季度 排放浓度	一季度 超标倍数	二季度 排放浓度	二季度 超标倍数	三季度 排放浓度	三季度 超标倍数	四季度 排放浓度	四季度 超标倍数
新疆中德丰泉污水处理有限公司	GB 18918—2002 一级 B	pH 值	6~9	无量纲	7.7		7.5		7.0~7.2		7.2	
		生化需氧量	20	mg/L	5		6.8		11		12.6	
		总磷	1	mg/L	0.96		1.12	0.12	0.79		0.28	
		化学需氧量	60	mg/L	35		33		55		56	
		色度	30	倍	2		2		2		2	
		总汞	0.001	mg/L	0.000 28		0.000 12		0.001 14	0.14	<0.000 01	
		总镉	0.01	mg/L	<0.000 1		<0.000 1		<0.000 1		<0.000 1	
		总铬	0.1	mg/L	<0.001		0.012		0.012		0.014	
		六价铬	0.05	mg/L	0.01		0.008		0.010		0.012	
		总砷	0.1	mg/L	0.041		0.179	0.79	0.041 2		0.080 4	
		总铅	0.1	mg/L	<0.001		<0.001		<0.001		<0.001	
		悬浮物	20	mg/L	15		15		15		14	
		阴离子表面活性剂	1	mg/L	0.18		0.19		0.18		0.12	
		粪大肠菌群数	10 000	个/L	<20		<20		<20		<20	
		氨氮	15	mg/L	3.43		1.1		3.76		3.08	
		总氮	20	mg/L	5.93		6.08		7.01		6.42	
		石油类	3	mg/L	<0.01		0.1		<0.01		<0.01	
		动植物油	3	mg/L	0.46		0.09		0.06		<0.02	

续表 3-3

污水处理厂名称	执行标准	监测项目	标准限值	单位	一季度 排放浓度	一季度 超标倍数	二季度 排放浓度	二季度 超标倍数	三季度 排放浓度	三季度 超标倍数	四季度 排放浓度	四季度 超标倍数
乌鲁木齐雅玛里克山污水处理厂	GB 18918—2002 二级	pH值	6~9	无量纲			8.4		8.1~8.4			
		生化需氧量	30	mg/L			127.5	3.25	94.2	2.14		
		总磷	3	mg/L			3.3	0.10	3.89	0.30		
		化学需氧量	100	mg/L			333	2.33	194	0.94		
		色度	40	倍			64	0.60	24			
		总汞	0.001	mg/L			0.000 1		0.000 2			
		总镉	0.01	mg/L			0.000 19		<0.000 1			
		总铬	0.1	mg/L			<0.05		<0.05			
		六价铬	0.05	mg/L			<0.004		<0.004			
		总砷	0.1	mg/L			0.002 1		0.001 5			
		总铅	0.1	mg/L			<0.001		<0.001			
		悬浮物	30	mg/L			54	0.80	95	2.17		
		阴离子表面活性剂	2	mg/L			0.84		2.51	0.26		
		粪大肠菌群数	10 000	个/L			4.9×10^9	4.9×10^5	180			
		氨氮	30	mg/L			52.1	0.74	32.5	0.30		
		总氮	—	mg/L			53.5		58.3			
		石油类	5	mg/L			0.26		0.72			
		动植物油	5	mg/L			2.48		6.5	0.30		

续表 3-3

污水处理厂名称	执行标准	监测项目	标准限值	单位	一季度排放浓度	一季度超标倍数	二季度排放浓度	二季度超标倍数	三季度排放浓度	三季度超标倍数	四季度排放浓度	四季度超标倍数
乌鲁木齐水磨沟区虹桥污水处理厂	GB 18918—2002 一级 B	pH 值	6~9	无量纲			7.5		7.6~7.7			
		生化需氧量	30	mg/L			56.7	0.9	37.4	0.25		
		总磷	3	mg/L			2.39		2.08			
		化学需氧量	100	mg/L			196	1.0	98			
		色度	40	倍			16		16			
		总汞	0.001	mg/L			0.000 02		0.000 27			
		总镉	0.01	mg/L			<0.000 1		<0.000 1			
		总铬	0.1	mg/L			<0.05		<0.05			
		六价铬	0.05	mg/L			<0.004		<0.004			
		总砷	0.1	mg/L			0.001 2		0.001 1			
		总铅	0.1	mg/L			<0.001		<0.001			
		悬浮物	30	mg/L			20		14			
		阴离子表面活性剂	2	mg/L			4.62	1.3	1.62			
		粪大肠菌群数	10 000	个/L			170 000	16.0	290 000	28		
		氨氮	30	mg/L			38.8	0.3	32.4			
		总氮	—	mg/L			45.5		34.8			
		石油类	5	mg/L			0.41		0.03			
		动植物油	5	mg/L			0.24		0.37	0.30		

表 3-4 乌鲁木齐市各国控污水处理厂出水水质超标情况

序号	污水处理厂名称	综排标准	超标项目	超标倍数	超标季度	备注
1	乌鲁木齐河东威立雅水务有限公司	二级	氨氮	0.39~0.72	一,二,三,四	
2	乌鲁木齐河西水务有限公司	一级 B	总氮	0.29	一,二	
3	乌鲁木齐八钢生活污水处理厂	一级 B	总磷	0.92	三	
4	乌鲁木齐头屯河区西站污水处理厂	二级	总氮	0.64	一	
5	乌鲁木齐水务(集团)污水处理公司	二级	—	—	一	
5			总磷	0.11~11.17	二,三	
6	新疆中德丰泉污水处理有限公司(米东)	一级 B	总磷	0.12	一,二	
6			总汞	0.14	二	
6			总砷	0.79	一,二	
7	乌鲁木齐雅玛里克山污水处理厂	二级	生化需氧量	2.14~3.25	一,二,三	季节性
7			总磷	0.1~0.3	一,二,三	
7			化学需氧量	0.94~2.33	一,二,三	
7			色度	0.6	一,二	
7			悬浮物	0.8~2.17	一,二,三	
7			阴离子表面活性剂	0.26	二	
7			粪大肠菌群数	490 000	三	
7			氨氮	0.3~0.74	一,二,三	
7			动植物油	0.3	三	
8	乌鲁木齐水磨沟区虹桥污水处理厂	二级	生化需氧量	0.25~0.9	一,二,三	季节性
8			化学需氧量	1.0	一,二	
8			阴离子表面活性剂	1.3	一	
8			粪大肠菌群数	16~28	一,二,三	
8			氨氮	0.3	一,二	

价格杠杆机制,积极培育再生水利用市场,提高再生水利用积极性。此外,加强科普宣传,使市民充分意识到水危机的严重性和再生水利用的重要意义,让广大用户和市民了解,再生水是一种十分宝贵的水资源,是弥补乌鲁木齐市水资源短缺的必然选择,不但有很好的经济效益,而且社会效益也是巨大的。

3.3　乌鲁木齐市再生水补给地下水的可行性分析

3.3.1　再生水可利用潜力大

根据乌鲁木齐市城镇排水水务"十二五"规划的发展目标:到 2015 年,乌鲁木齐市城镇居民生活污水排放量为 2.25 亿 m^3,工业废水的排放量为 0.25 亿 m^3,废污水的排放总量为 2.5 亿 m^3。到 2020 年,乌鲁木齐市城镇居民生活污水排放量为 2.84 亿 m^3,工业废水的排放量为 0.25 亿 m^3,废污水的排放总量为 3.09 亿 m^3。按照废污水可再生利用率 2015 年按 50% 考虑,2020 年按 70% 考虑,则 2015 年废污水可利用量为 1.2 亿 m^3,2020 年为 2.0 亿 m^3。若将这部分水源进行循环利用(可主要用于乌鲁木齐市北部工业园区的循环利用、生活杂用及城市绿化和景观使用),则为乌鲁木齐城市发展新增了可控供水量。这些污水进入城市排水系统后,具有水量稳定、不受季节和气候等自然条件的影响,且具有就近可取、易于收集等优点。随着乌鲁木齐市城市建设的不断发展,水资源的集中使用为污水的相对集中处理提供了优势,建设再生水设施,无论从技术手段还是经济可行性上,都已不是问题。因而乌鲁木齐市再生水利用空间和潜力是很大的,可为补给地下含水层提供充足的再生水水源保证。

3.3.2　污水再生处理能力正逐步提升

据调查,乌鲁木齐市有 8 座污水集中处理厂,其中 2011 年重点监督性监测的城镇污水处理厂共有 6 家,见表 3-5。此外,还有河西污水处理厂设计日处理能力一期为 10 万 t,二期为 20 万 t,采用 A/O 循环曝气工艺。目前,乌鲁木齐市城市污水日处理能力已超过 70 万 t。但是,2011 年经城镇污水处理厂后的废水排放总量仅为 12 449.21 万 t,其中废水达标排放量也仅有 6 340 万 t,废水达标排放率只达到 50.93%。污水处理能力大于城市废污水收集排放量。

表3-5　2011年乌鲁木齐市城镇污水处理厂基本情况

污水处理厂	污水处理方法	设计处理能力/（万 t/d）	实际处理量/（万 t/d）	运行天数/d	生活污水处理量/万 t	工业废水处理量/万 t
河东污水处理厂	生物法（AB 法）	40	30	365	10 022.60	210.54
七道湾污水处理厂	氧化沟（OD）	7	4.39	365	1 392.78	213.22
头屯河污水处理厂	序批式活性污泥法（SBR）	1.5	1.2	365	296.38	127.02
雅山污水处理厂	曝气生物滤池（BAF）	5	1.3	139	136	0
虹桥污水处理厂	活性污泥法（AS）	3	1.7	173	294.28	0
米泉污水处理厂	氧化沟（OD）	4	2.7	365	1 260.65	130

根据《乌鲁木齐市城市总体规划修编（2011—2020 年）》，到 2020 年乌鲁木齐污水处理率要达到 90%，城市再生水利用率要达到 30%。要实现这一目标，就需要解决污水处理技术、再生水回用管网、污水水质标准等问题。根据乌鲁木齐市"十三五"污染防治规划要求，乌鲁木齐市将以提升污水收集、处理能力和水平为重点，加快污水治理工程建设，完善城镇污水收集管网，实现中心城区污水收集管网全覆盖，污水处理厂服务范围内污染源截污纳管率达到 95%。污水再生处理技术和工艺日趋成熟，城市污水经二级处理，再加上适当的深度处理工艺，如 MBR、臭氧、砂滤、纳滤、活性炭、BAF 等，通过科学的工艺设计和系统运行管理，可满足再生水补给地下含水层的水质要求。

3.3.3　地下含水层空间条件

地下含水层是储存和输运地下水的场所，不同类型的含水层具有不同的地下水运移和水-岩相互作用特点。含水层主要分为多孔介质含水层、裂隙含水层和岩溶含水层。相比而言，多孔介质含水层发育较为均匀、孔隙连通性好，并沿一定方向分布，因而地下水在其中流动迅速且与土壤充分接触，是适宜再生水储存和运移的地下含水层。

乌鲁木齐河流域山区地下水为单一结构的基岩裂隙水,含水层由互有水力联系的基岩风化裂隙、风化构造裂隙及断裂破碎带组成;进入柴窝堡山间盆地,沉积厚度数米至数百米的砾石、砂砾石,水位埋深大于 50 m,至乌拉泊,因受基岩山地阻挡以泉水溢出;乌鲁木齐市区河谷地沉积厚 20~30 m 的砂砾和卵砾石层,地下水埋深 10 m 左右;乌鲁木齐山前倾斜平原沉积卵砾石、砂砾石层的单一潜水,厚度为 100~500 m,水位埋深 150 m 左右,渗透系数 35~110 m/d,单井涌水量小于 920~3 000 $m^3/(d \cdot m)$。细土平原为粉细砂、亚砂和黏土互层的多层结构的潜水和承压水。上部潜水平均厚度为 50 m,渗透系数小于 3 m/d,单井涌水量小于 15 $m^3/(d \cdot m)$;下部承压水平均厚度为 150 m,渗透系数小于 1~5 m/d,单井涌水量小于 500 $m^3/(d \cdot m)$。可见,乌鲁木齐市水文地质结构多以砂砾层为主,渗透系数大,而且由于地下水持续过量开采,地下水水位大幅度下降,形成了比较大的地下水可调蓄空间,为地下水回灌利用的开展提供了良好的含水层储存条件。如乌拉泊洼地和柴窝堡盆地就是理想的储存和调蓄水资源的地下水含水层空间。

3.3.4　地下水水质改善可行性分析

据调查,乌鲁木齐平原区沿河地段潜水化学类型为 $HCO_3 \cdot SO_4-Na \cdot Ca$ (Na)和 $HCO_3-Ca \cdot Na(Ca)$,矿化度小于 1.0 g/L;远离河道的潜水化学类型为 $SO_4 \cdot Cl-Ca(Na \cdot Mg)$、$Cl \cdot SO_4-Na$ 和 $Cl-Na \cdot Ca(Na)$,矿化度大于 1.0 g/L,甚至大于 50.0 g/L。地下水受到不同程度污染,其主要污染因子是 SO_4^{2-}、NO_3^-、Cl^-、矿化度、总硬度、C_6H_5OH、CN 等。地处荒漠区的乌鲁木齐土壤多为盐碱土,若将再生水地下回灌场地选在荒漠植被丰富的荒滩地,不仅可利用荒漠土壤含水层处理系统去除再生水污染物,而且可以利用荒漠植被与荒漠土壤微生物的耐盐性吸收再生水中的盐分,降低地下水矿化度,达到改善区域地下水水质的目的。

3.3.5　再生水地下回灌场地要求

开展再生水地下回灌,必须有合适的场地用于收集和处理回灌前的污水和再生水,还需要有一定面积的土地作为地下回灌的场地。若采用地表渗滤方式回灌,则要求有大面积的、符合一定技术要求的土地;若采用井灌方式回灌,所需场地面积较少,但由于是直接注入地下含水层,对回灌水水质的要求比较高。场地选择的合适与否是决定地下水回灌工程成败的基础条件。新疆地域广阔,乌鲁木齐市周边有着大面积的戈壁荒滩,完全可通过获取完整的场地调查资料,正确选择再生水回灌的场地,并最终保证回灌工程的工艺设计、建造与运行的合理性。

3.4　乌鲁木齐市再生水地下水储存安全性评价

3.4.1　再生水厂概况

　　研究对象为乌鲁木齐市城北再生水厂,位于乌鲁木齐市高新区北区工业园,河东污水处理厂东侧、河东中水厂南侧。水源为河东污水处理厂处理后的尾水(二级出水),处理工艺采用 A/O-MBR 膜生物反应器工艺,污泥工艺采用带式浓缩脱水一体机浓缩脱水;消毒工艺采用臭氧消毒,见图 3-17。污水处理规模 10 万 m³/d,出水主要用于企业生产用水和城市绿化景观用水。工程 2013 年始建,2015 年正式投入运行。到 2017 年,其出水水质才达到《城镇污水处理厂污染物排放标准》(GB 18918—2002)一级 B 排放标准。

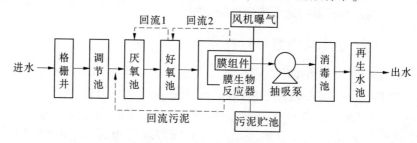

图 3-17　再生水厂污水污泥处理工艺流程图

3.4.2　监测指标与检测方法

　　采样点为再生水处理主体工程的进水口与出水口,每天自动监测并记录。进水来源于河东污水处理厂的尾水,其处理前为市区生活排污水,因而再生水厂监测指标主要为常规指标,包括 pH 值、悬浮物浓度、总磷(TP)、总氮(TN)、氨氮(NH_4^+-N)、化学需氧量(COD)、五日生化需氧量(BOD_5)等。结合再生水地下储存技术要求,根据试验条件,本书选取再生水出水,对《城市污水再生利用　地下水回灌水质》(GB/T 19772—2005)中部分选择控制指标进行了抽查检测。

　　水样的采集、处理与保存参照国家《地表水和污水监测技术规范》(HJ/T 91—2002)规定。各个水质指标的分析方法采用国家标准方法,参照《城市污

水再生利用　地下水回灌水质》(GB/T 19772—2005)和《再生水水质标准》
(SL 368—2006),也可参照《水和废水监测分析方法》(第四版,中国环境科学
出版社,2002 年)。

3.4.3　再生水水质年内变化特征分析

3.4.3.1　基本控制指标

据 2014 年月均值统计,再生水厂出水水质各指标变化规律见图 3-18。
1—12 月,出水中 COD 呈现先降后缓升的变化趋势,检出较小值出现在 7—10
月,全年最大检出值为 95.20 mg/L, 最小检出值为 7.17 mg/L, 均值
35.55 mg/L;出水中 BOD_5 呈现先降后升的趋势,检出较小值出现在 6—9 月,全
年最大检出值为 35.17 mg/L,最小检出值为 2.77 mg/L,均值 7.76 mg/L。

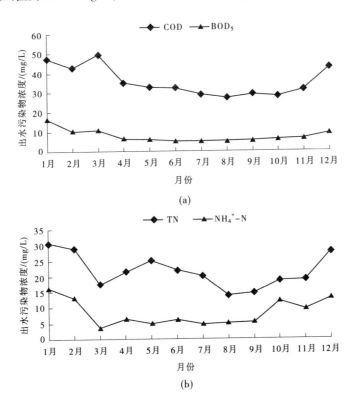

图 3-18　再生水厂出水水质各指标变化规律

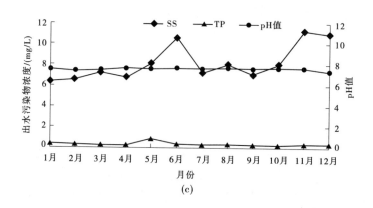

(c)

续图 3-18

1—12 月，出水中 TN 变化明显，最大、最小检出值分别为 55.49 mg/L 和 1.25 mg/L，均值 21.66 mg/L；出水中 NH_4^+-N 全年最大、最小检出值分别为 34.59 mg/L 和 0.17 mg/L，年均值为 8.31 mg/L，在冬季（10 月至翌年 2 月），NH_4^+-N 浓度月均值较大，而在春夏季（3—9 月）NH_4^+-N 浓度月均值较小且相对稳定。

出水中 TP 最大检出值 2.27 mg/L，出现在 5 月，最小检出值 0.10 mg/L，均值 0.37 mg/L。出水中固体悬浮物最大检出值 73.0 mg/L，最小检出值 1.0 mg/L，均值 8.19 mg/L。出水 pH 值变化较平稳，在 6.34～8.09，均值 7.56。

对其他基本控制项目进行了抽查检测，其中硫酸盐 324.60 mg/L，氯化物 217.23 mg/L，挥发酚与石油类污染物未检出。

3.4.3.2　去除率

出水中各污染物去除程度明显不均衡，相较而言，COD 和 BOD_5 的去除率低，TN、NH_4^+-N 去除率仅中等水平，TP 去除率较高，为 82.72%。

各污染物去除率各月均值变化见图 3-19。通过计算各指标的变异系数，分析各污染物去除率的稳定性，见表 3-6，发现 COD 和 BOD_5 去除率的变异系数较高，分别达到为 30.11% 和 27.57%，TN、NH_4^+-N 及固体悬浮物去除率的变异系数均在 15% 以上，TP 去除率变异系数较小，但也达到 10% 以上。这从总体反映出目前该再生水厂对污染物的去除率并不稳定。

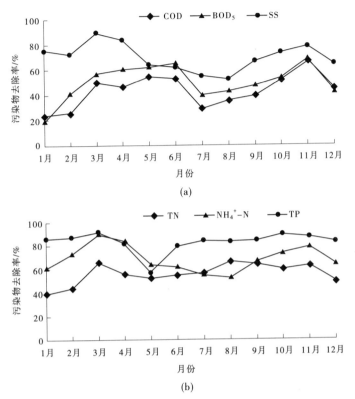

(a)

(b)

图 3-19 再生水厂水污染物去除率各月均值变化

表 3-6 再生水厂污染物去除率稳定性分析

指标	COD	BOD$_5$	SS	TN	NH$_4^+$-N	TP
月均值/（mg/L）	43.29	50.07	69.65	55.93	68.51	82.72
变异系数/%	30.11	27.57	16.01	15.31	16.45	10.62

3.4.3.3 其他指标

在出水中分别检测了 K$^+$、Na$^+$、Ca^{2+}、Mg^{2+} 含量，其中镁、钙含量较高，分别达到 785.03 mg/L 和 239.24 mg/L，钠、钾含量分别为 47.74 mg/L 和 34.49 mg/L。

3.4.4　再生水地下回灌水质标准适应性分析及水质安全评价

3.4.4.1　再生水回灌水质标准适应性分析

1. 国内外再生水回灌水质标准比较

目前,我国实施的《城市污水再生利用　地下水回灌水质》(GB/T 19772—2005)明确规定,对利用回灌井直接回灌地下储水层的方式,回灌水水质在生物和化学特性方面要相当于或不劣于现有的地下水水质,混合后的地下水水质应接近饮用水标准《生活饮用水卫生标准》(GB 5749—2006);对于流域水体漫流下渗方式,回灌水水质应达到地表水Ⅲ类标准《地表水环境质量标准》(GB 3838—2002)。污水处理厂处理后的二级出水,经进一步处理可达到地表水饮用水标准《地表水环境质量标准》(GB 3838—2002)中Ⅱ类水质标准,符合国家对于回灌地下水源的水质标准,即可以作为回灌地下的水源。

与其他应用再生水回灌的发达国家相比,我国的地下水回灌水质标准尚有很大差距,如美国加州 1976 年就公布了第一个污水回灌地下的水质标准草案,草案规定回灌污水在经过二级处理后必须再经过滤、消毒和活性炭吸附等深度处理,在回用前必须在地下停留 6 个月以上。若采用井灌,回灌水注入点须离地下水位至少 3 m,抽水点离注水点水平距离至少 150 m,抽取水中的回灌水量不能超过 50%。COD、TOC、苯和四氯化碳等项目要求每天检测,目的在于控制有机污染物进入作为饮用水源的地下含水层。2004 年,美国环境保护局(USEPA)出版的《再生水利用导则》中也严格规定,潜在饮用水的回灌水水质至少要求能达到饮用水水质。德国一般要求回灌水应优于当地的地下水水质。在柏林地区,要求污水处理厂三级处理出水再经深度处理和土壤含水层处理后,最终同地下水混合的水中 DOC 应低于 3 mg/L,AOX 应低于 30 mg/L。其他国家多以饮用水水质标准作为再生水回灌水质要求,如以色列规定用于回灌的再生水必须优于饮用水标准。

2. 我国不同用途再生水水质标准比较

再生水补给地下水的水质要求与地下水用途、补给方式密切相关。通常直接补给、渗流区注水所需的再生水水质高于地表渗滤的再生水水质,用于饮用水水源地补给的再生水水质高于其他非饮用水水源地用途。需要关注的水质指标要求包括浊度/悬浮颗粒物、营养物质、余氯、病原微生物、有毒有害有机物、重金属等方面。我国《城市污水再生利用　地下水回灌水质》(GB/T 19772—2005)中规定的回灌水水质指标限值基本达到了《生活饮用水卫生标准》(GB 5749—2006)水质标准限值,见表 3-7。其他在生活饮用水标准中未做规定的水质指标也基本达到了《地表水环境质量标准》(GB 3838—2002)水质Ⅲ类标准或《地下水质量标准》(GB/T 14848—2017)水质Ⅲ类标准。同时,执行水利行业标准《再生水水质标准》(SL 368—2006)中,关于再生水补给地下水的水质标准主要也是以《城市污水再生利用 地下水回灌水质》(GB/T 19772—2005)为依据编制的。与当前我国水质及各类水质标准状况相比,现行的再生水补给地下含水层的水质要求是比较严格的。

表 3-7 再生水地下回灌水质标准与生活饮用水卫生标准限值比较

序号	控制项目	单位	再生水地下回灌标准限值		生活饮用水卫生标准限值
			地表回灌	井灌	
1	色度	稀释倍数	30	15	15
2	浊度	NTU	10	5	3
3	pH 值	—	6.5~8.5	6.5~8.5	6.5~8.5
4	总硬度(以 $CaCO_3$ 计)	mg/L	450	450	450
5	溶解性总固体	mg/L	1 000	1 000	1 000
6	硫酸盐	mg/L	250	250	250
7	氯化物	mg/L	250	250	250
8	挥发酚类(以苯酚计)	mg/L	0.5	0.002	0.002
9	阴离子表面活性剂	mg/L	0.3	0.3	0.3
10	化学需氧量(COD)	mg/L	40	15	—
11	五日生化需氧量(BOD_5)	mg/L	10	4	—
12	硝酸盐(以 N 计)	mg/L	15	15	20
13	氟化物	mg/L	1.0	1.0	1.0
14	氰化物	mg/L	0.05	0.05	0.05
15	类大肠菌群数	个/L	1 000	3	3
16	总铁	mg/L	0.3		0.3
17	总锰	mg/L	0.1		0.1
18	总铜	mg/L	1		1.0
19	总锌	mg/L	1		1.0

续表 3-7

序号	控制项目	单位	再生水地下回灌标准限值		生活饮用水卫生标准限值
			地表回灌	井灌	
20	总砷	mg/L	0.05		0.05
21	总硒	mg/L	0.01		0.01
22	总汞	mg/L	0.001		0.001
23	总镉	mg/L	0.01		0.01
24	六价铬	mg/L	0.05		0.05
25	总铅	mg/L	0.05		0.05
26	总银	mg/L	0.05		0.05
27	四氯化碳	mg/L	2		3
28	苯并(a)芘	mg/L	0.01		0.01
29	滴滴涕	mg/L	1		1
30	六六六	mg/L	5		5
31	总 α 放射性	Bq/L	0.1		0.1
32	总 β 放射性	Bq/L	1.0		1

3. 存在的问题

在再生水补给地下含水层的过程中,必须严格执行水质标准并加强监测。一方面,目前执行的标准部分指标缺失,如没有总氮、TOC 等;随着社会发展与环境变化,很多新型污染物产生,而相应的水质指标还未做要求,如病毒、余氯、寄生虫、内分泌干扰物、药物激素类污染物、微生物群落等涉及生物学、生物毒理性、生态效应等方面的指标;即使是现行的生活饮用水标准,也存在这些问题,因此以生活饮用水卫生标准为依据来考量再生水地下回灌水质标准高低也是有所偏颇和不足的。

另一方面,当前我国对再生水水质、地下水水质等监测要求偏低。针对地下水回灌,将水质控制项目分为基本控制项目和选择控制项目,要求对基本控制项目每天监测,对选择控制项目则半年监测 1 次。其中,虽然将有机污染物(如农药)和重金属列入控制项目,但只作为选择控制项目,要求每半年监测 1 次,标准明显较低,势必会加大再生水补给地下水的生态风险与环境健康风险。因此,应增加对生态与健康风险较大的控制项目,提高各控制项目的监测频率,以便掌握地下水水质变化,及时化解风险。

3.4.4.2　再生水地下储存安全性评价

基于当前我国实施的《城市污水再生利用　地下水回灌水质》(GB/T 19772—2005)标准,将基本控制项目与选择控制项目的检测值与标准值对比,当有一个或多个水质指标检出值明显超过标准值时,认为再生水地下水水质安全性难以保障,不能用于补给地下含水层。评价结果见表 3-8。

表 3-8　再生水水质与地下回灌水质标准的比较

序号	基本控制项目	单位	变化范围	年均值或检出值	地下回灌水质标准		序号	选择控制项目	单位	检出值	限值
					地表回灌	井灌					
1	pH 值	—	6.34~8.09	7.56	6.5~8.5	6.5~8.5	1	总汞	mg/L	未检出	0.001
2	硫酸盐	mg/L		324.6	250	250	2	总镉	mg/L	0.000 04	0.01
3	氯化物	mg/L		217.225	250	250	3	六价铬	mg/L	0.015	0.05
4	挥发酚类	mg/L		未检出	0.5	0.002	4	总砷		0.003 ug/L	0.05 mg/L
5	COD	mg/L	7.17~95.20	35.55	40	15	5	总铅	mg/L	0.008	0.05
6	BOD$_5$	mg/L	2.77~35.17	7.76	10	4	6	总镍	mg/L	0.006	0.05
7	氨氮	mg/L	0.17~34.59	8.31	1.0	0.2	7	总铜	mg/L	0.000 5	1.0
8	总磷	mg/L	0.10~2.27	0.37	1.0	1.0	8	总锌	mg/L	0.021	1.0
9	石油类	mg/L		未检出	0.5	0.05	9	总锰	mg/L	0.149	0.1
10	总氮	mg/L	1.25~55.49	21.66			10	总铁	mg/L	0.473	0.3
11	悬浮物	mg/L	1.0~73.0	8.19			11	二甲苯[a]	mg/L	未检出	0.5
							12	乙苯	mg/L	未检出	0.3
							13	总铬	mg/L	0.003	

注:二甲苯[a]:指对-二甲苯、间-二甲苯、邻-二甲苯。

由表 3-8 可见,在所监测的再生水出水水质各项指标中,无论是变化范围、年均值或检出值,超出地下回灌水质标准的指标有:硫酸盐、COD、BOD_5、氨氮、总磷、总锰、总铁等。其中常规指标 COD、BOD_5 和氨氮大大超过了规范要求的水质标准,总体上,目前乌鲁木齐市再生水出水水质未达到地下储存的技术要求,现阶段采用再生水补给地下含水层其安全性不能保证。

3.4.5　结论与讨论

3.4.5.1　结论

以乌鲁木齐市城北再生水厂为例,对主要的基本控制指标的检测结果表明,再生水出水水质各指标值一般在冬季较高,夏季较低,即冬季水质偏差,夏季略好。

再生水出水中各污染物的去除能力差异大,TP 去除率较高,可达到 80% 以上,TN、NH_4^+-N 去除率较低,仅 60% 左右,而对 COD 和 BOD_5 去除率较差,多在 50% 以下。各污染物去除率各月变化总体上均不稳定,尤其是对 COD 和 BOD_5 去除率极不稳定,该再生水厂出水水质提升还有较大空间。

对再生水出水水质中的各项检测值分析表明,有多项指标超出地下回灌水质标准的限制,其中常规指标 COD、BOD_5 和氨氮大大超过了规范要求的水质标准,因而,目前乌鲁木齐市再生水出水水质未达到地下储存的技术要求,现阶段采用再生水补给地下含水层其安全性不能得到保证。

3.4.5.2　讨论

针对再生水出水水质不稳定且水质不完全达标的状况,研究水温、碳源、膜组件的过滤、截留能力及工艺运行方式等各种因素对强化和稳定出水水质的影响,通过提标改造提高污水处理能力,确保出水水质稳定达标,最终提高城市再生水利用率。

目前,我国执行的再生水补给地下水水质标准中缺失部分控制指标项目,随着新型污染物的产生,相应的水质指标也未做要求;同时,对各控制指标的监测要求偏低、监测频次偏少,极大增加了再生水利用及地下水回灌的生态风险与环境健康风险。因此,建议根据环境污染源变化,对现行的再生水利用及地下水回灌水质标准进行修正,增加对生态与健康风险较大的控制项目,提高各控制项目的监测频率,以便为再生水安全利用、区域环境管理与生态保护提供有效的技术依据。

在上述分析中,仅将再生水水质与现行国家标准相比较来评价其安全性,评价方法单一笼统,建议当城市再生水水质基本满足补给地下含水层的技术要求时,采取多种方法综合评价,细化评价环节,以使再生水地下储存的安全性评价更为科学合理。

参考文献

[1] 王海林. 新疆污水处理厂建设运行情况浅析[J]. 干旱环境监测,2015, 29(1): 46-48.

[2] http://xj. people. com. cn/n2/2016/0825/c188514-28892392. html

[3] 张瑛. 乌鲁木齐市城镇污水处理厂主要污染物减排效果分析[J]. 干旱环境监测,2013,27(1):15-19.

[4] 乌鲁木齐市城市总体规划编制组. 乌鲁木齐市城市总体规划修编(2011—2020 年)[EB/OL]. (2011-3-29) http://news. ts. cn/content/2011-03/29/content_5698537_5. htm.

[5] 乔晓英. 准噶尔盆地南缘地下水环境演化及其可再生性研究[D]. 西安:长安大学,2008.

[6] 苟新华,杨耘. 乌鲁木齐市区地下水水文地球化学评价[J]. 新疆地质,2011, 19(3): 207-213.

[7] 朱思远,田军仓,李全东. 地下水库的研究现状和发展趋势[J]. 节水灌溉,2008, (4): 23-27.

[8] 何星海,马世豪. 再生水补充地下水水质指标及控制技术[J]. 环境科学,2004, 25(5):61-64.

[9] 胡洪营,吴乾元,黄晶晶,等. 再生水水质安全评价与保障原理[M]. 北京:科学出版社,2011.

[10] Min K Yoon, Gary L Amy. Reclaimed water quality during simulated ozone-managed aquifer recharge hybrid [J]. Environmental Earth Sciences, 2015, 73(12): 7795-7802.

[11] A F Hamadeh, S K Sharma, G Amy. Comparative assessment of managed aquifer recharge versus constructed wetlands in managing chemical and microbial risks during wastewater reuse: a review [J]. Journal of Water Reuse & Desalination, 2014, 4(1):1-8.

第 4 章　再生水地下储存荒漠土壤主要污染物迁移转化机制研究

4.1　荒漠土壤渗滤模拟土柱试验

4.1.1　试验目的和意义

为了研究再生水地下储存后受水区对土壤和地下水的长期影响,拟采取室内土柱试验的研究方法模拟再生水入渗过程,即采集再生水厂的出水(应以地下水水质安全保障为目标),将其渗入通过厚度一定、岩性各异的土壤柱,以此来模拟再生水通过土壤包气带介质向下渗透的过程。开展再生水入渗过程中污染物对土壤和地下水的影响研究,分析污染物在土壤中的变化规律及其环境行为,探讨再生水渗滤后,再生水污染物浓度的变化以及土壤中污染物的变化情况等,分析荒漠土壤含水层处理系统(土壤渗滤系统)的可行性。

4.1.2　土壤采集分析

4.1.2.1　土壤采集

根据收集整理的相关资料,初步确定取样点位置。取样点选择在典型介质沉积较厚且分布较广的区域。根据对观测站土壤性质的初步判断,结合地形地势与地下水分布状况,本研究选取 4 个采样点,进行土样测试。采样点位置特征表征研究区内不同位置、地势及不同积排水、土壤性质等自然条件的差异。

采样时间为 2015 年 5—9 月,对研究区 4 个点位进行土壤样品采集和土壤理化性质检测。在采样点,分别挖掘深 1.5 m、宽 0.8 m、长 1.5 m 的楔形土槽,作为观测面的土壤剖面向阳,与两侧土槽剖面垂直向下开挖。为方便采样工作,一面从地表面倾斜至观测剖面底部呈楔形开挖,见图 4-1。根据剖面的土壤颜色、结构、质地、松紧度、湿度及植物根系分布等划分土层,记录土壤分层情况及各层状况。自下而上逐层采集样品,采集各层最典型的中部位置的土壤,以克服层次之间的过渡现象。根据《土壤理化指标的测定方法》中每项指标所需土样量的规定,每个土样取 500～600 g。本试验根据土壤自然分层采样,每层采 3 组;每个样采集 1 kg 左右的土样,放入土样采集袋中,在土样袋外封面记录样品采集的时间和地点。

(a)点Ⅰ   (b)点Ⅱ

(c)点Ⅲ   (d)点Ⅳ

图 4-1 采样点现场图

土壤发生层是现场根据土层水平层状构造、土壤颜色、质地、结构等特征及自然成土过程对土壤进行分层。根据土壤发生层分层采集土样,带回实验室进行土壤物理化学组分分析。土壤质地采用国际制土壤质地分级标准划分。采样点基本情况见表4-1。

表 4-1　采样点基本情况

采样点	地理位置	海拔高程	位置特征	土壤发生层分层	土样基本特征	土壤质地
点 Ⅰ	N44°29′38.37″,E087°31′10.67″	410 m	位于沙丘底部,典型沙漠砂质土	0~18 cm	黄色,干燥	砂质黏壤土
				18~120 cm	黄色,干燥	砂土
点 Ⅱ	N44°29′45.00″,E087°31′04.52″	409 m	位于农田荒地,荒漠植被生长较旺盛,沙化、盐碱化较明显	0~7 cm	黄色,干燥	砂质黏壤土
				7~35 cm	黄色,干燥	砂质壤土
				35~64 cm	黄色,微潮湿	壤质黏土
				64~130 cm	黄色,潮湿	砂质壤土
点 Ⅲ	N44°29′49.95″,E087°31′13.88″	407 m	位于农田尾部低洼地,农业废水积排及雨水积渗、盐碱化较明显	0~13 cm	黄色,干燥	粉砂质黏壤土
				13~31 cm	黑褐色,潮湿	粉砂质壤土
				31~46 cm	黑褐色,潮湿	粉砂质壤土
				46~87 cm	黄棕色,潮湿	砂土
				87~130 cm	黄棕色,潮湿	砂质壤土
点 Ⅳ	N44°29′29.57″E087°31′17.10″	393 m	位于农田尾部低洼地,多年农业废水积排及雨水积渗、盐碱化明显,土层坚硬	0~44 cm	黄色,干燥	粉砂质黏壤土
				44~56 cm	黄色,干燥	黏土
				56~72 cm	灰色,干燥	壤质黏土
				72~130 cm	黄色,干燥	粉砂质黏壤土
				130~144 cm	黄色,干燥	粉砂质黏壤土
				144~200 cm	黄色,潮湿	粉砂质壤土

4.1.2.2　检测项目

土壤样品检测项目主要有:有机质含量、pH 值、电导率、总盐、八大离子(CO_3^{2-}、HCO_3^-、Cl^-、Ca^{2+}、Mg^{2+}、SO_4^{2-}、K^+、Na^+)、土壤养分(全氮、速效钾、全钾、碱解氮、全磷、速效磷)、土壤质地(土壤粒径分析,砂粒、粉粒、黏粒的含量)、土壤容重、土壤含水率等。

在室内土壤渗滤试验中,检测项目主要是:渗滤前后不同土层土壤的有机碳、全氮、总磷、化学需氧量、氨氮、硝态氮、亚硝态氮等。

土壤主要检测项目的分析方法见表 4-2。

表 4-2　土壤主要检测项目及分析方法

检测项目	分析方法
有机质含量	烧失量法
pH 值	电位测定法
电导率	5:1 浸提法
总盐	质量法
八大离子	离子色谱法
土壤养分	土壤常规分析法
土壤颗粒粒径分析	筛分法、比重计法
有机碳	重铬酸钾分光光度法
全氮	半微量开氏法
总磷	硫酸-高氯酸消煮法
氨氮	氯化钾溶液提取—分光光度法
硝态氮	氯化钾溶液提取—分光光度法
亚硝态氮	氯化钾溶液提取—分光光度法
含水率	烘干法
容重	环刀法

4.1.3　试验装置与材料

土柱装置组成见图 4-2 和图 4-3。本研究以土壤水分及污染物垂直迁移研究为主,即再生水及污染物在土柱中的迁移呈一维或准一维状态,土柱为内径 15 cm(外径 16.6 cm)、高 100 cm 的有机玻璃圆柱体。柱底为槽钢三角支架,支架高 20 cm,用于支撑土柱;在土柱的底端设置渗滤液排放口,连接软管;支架下放置渗滤液收集容器,用于接纳经土柱后的渗滤水。在土柱旁边设置土壤溶液取样口 8 个和土壤介质测试口 8 个,两者交错设置,具体取样口位置见图 4-2。为了避免在取水过程中,柱内的土壤冲出较多,在每一个取样管口内塞一些尼龙网,然后连接橡胶软管。土壤溶液取样口用金属管与软管连接,土壤取样口用活塞密封。土柱的顶部加带有循环通道和均匀漏孔的盖板,确保溶液均匀流于土柱表面,在土柱与盖子之间设置支撑,确保装置表面处于好氧状态,溶液通过盖子后回流到再生水容器中,利用蠕动泵控制流量与灌水的水力负荷,使再生水均匀入渗,并不致引起土柱表面积水或冲刷。

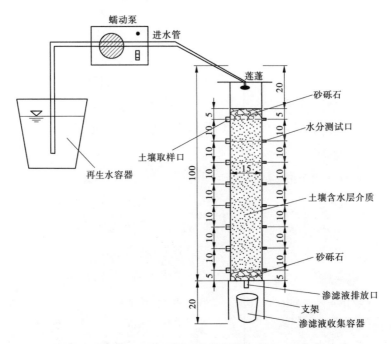

图 4-2　室内再生水渗滤模拟土柱装置示意图 　（单位:cm）

本研究土柱装填采用现场原状土。为尽量减少装填土时边壁效应扰动原土和顺利套土,有机玻璃管内壁磨糙,并均匀涂一层凡士林,同时将有机玻璃管底端管壁削薄。原状土的装填是在现场人工先挖一个直径>15 cm、地下深120 cm 的圆台形土柱,剥除第一层虚土之后,将土柱装置放置在圆台土柱上,利用小刀往下轻轻削土加以辅助,逐步将土柱装置向下套土柱,直至土柱完成70 cm 的原状土装填后,加盖包扎好运回实验室。为了避免路途的颠簸造成原状土的破坏,有机玻璃柱顶部用袋装沙土填实,上下加盖后,用透明胶布缠绕紧实,用海绵包裹、扎实。

土柱运抵实验室后,为便于排水,抛去底层 5 cm 土壤,底部先填充 5 cm的粒石+石英砂,做成 5 cm 厚的反滤层;土柱中部 70 cm 填充原状土,上部填充 5 cm 的粒石+石英砂,便于再生水向下渗滤排出。为防止底部出水口堵塞,在土柱底部放置尼龙滤网,并使其和土柱底部很好地接触。最后,按土层顺

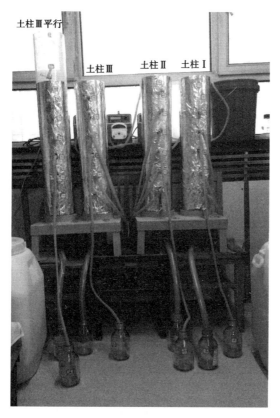

图4-3 室内再生水渗滤模拟土柱装置现场图

序,将两端装填好5 cm的粒石+石英砂的土柱放置在底部预留出水口的支架上,土柱与支架的接触面采用玻璃硅胶密封。待土柱和底座完全契合后,翻转,放置在地上,胶干不漏水后,即可开始灌水试验。为避免系统内部由于光照引起藻类生长以及引发光解作用,土柱系统用锡箔纸严密包裹。原状土的装填过程见图4-4,实验室内安装土柱过程见图4-5。

室内试验所用的3个土柱所装填的土壤即为采样点Ⅰ、Ⅱ、Ⅲ的原状土。实验室设置三组土柱,分别在采样点Ⅰ、Ⅱ、Ⅲ处装填去除表层虚土后60 cm的原状土,土柱Ⅰ为采样点Ⅰ处18~78 cm的原状土,土柱Ⅱ为采样点Ⅱ处7~67 cm的原状土,土柱Ⅲ为采样点Ⅲ处13~73 cm的原状土。土柱Ⅲ平行也为采样点Ⅲ处13~73 cm的原状土,作为平行试验考虑,因采样点Ⅳ处的土壤成分复杂,土质坚硬,取样困难且对试验过程和结果影响大,故未对该点取土做室内土柱试验。

图 4-4 原状土装填过程

图 4-5 实验室内安装土柱过程

4.1.4 试验水样

试验用源水取自乌鲁木齐市城北再生水厂的高密度沉淀池。到 2017 年，其出水水质才达到《城镇污水处理厂污染物排放标准》（GB 18918—2002）一级 B 排放标准。再生水厂水质特征分析见 3.4 节。土柱试验时间为 2015 年 10 月至 2016 年 1 月，具体时间为 2015 年 10 月 9 日、10 月 19 日、10 月 27 日、11 月 5 日、11 月 19 日、11 月 26 日、12 月 3 日、12 月 10 日、12 月 17 日、12 月 24 日。在此期间，取水频率为每周一次，共 10 次，每次取水位置保持不变，见图 4-6 和图 4-7。主要水质指标的监测数据，如表 4-3 所示。

图 4-6　再生水厂采集水样

图 4-7　土柱试验中所用再生水水源

表 4-3　试验用水水质参数

水质指标	数值范围	监测平均值	分析方法
pH 值	6.34~7.52	7.34	玻璃电极法
COD/(mg/L)	31.8~65.4	50.25	重铬酸盐法/高锰酸盐指数法
BOD_5/(mg/L)	4.88~15.23	11.07	稀释与接种法
氨氮/(mg/L)	0.29~8.12	4.85	纳氏试剂分光光度法
TP/(mg/L)	0.25~1.43	0.53	钼酸铵分光光度法
TN/(mg/L)	10.06~15.25	13.98	硬性过硫酸钾消解紫外分光光度法
大肠杆菌/(个/L)	<1 000	<1 000	多管发酵法

土柱装置安装完毕后,连续 5 d 向土柱内加入去离子水,至渗流速度稳定。使得土壤柱充分饱和,且其孔隙结构得以改善,同时淋洗了土壤内的氨氮本底值。试验装置设置在室内,不受降水的影响,试验温度基本保持在(20±3)℃。

采用间歇进水的方式,在水力负荷 30 mL/min 下,通过蠕动泵的提升经布水管使再生水均匀地分布到装置上,三个土柱于 2015 年 10 月 10 日同时进行第一次回灌再生水,12 月 30 日停止回灌。按照采水的周期,将试验过程分为 10 个周期。灌水频次为每隔两天,灌水一次,用恒定水头连续加水,当出水量达到 500 mL 时,停止灌水。每个周期灌水结束 2 d 后,取出水进行检测。本次试验全部结束后,取土样检测。

4.1.5　试验结果与分析

4.1.5.1　进出水氨氮浓度变化规律分析

室内再生水渗滤模拟土柱采用间歇灌水方式,在 30 mL/min 的水力负荷下,利用蠕动泵将再生水均匀喷洒在土柱表面,使其慢慢渗入土壤并自土柱中部 30 cm 和底部 60 cm 处出水。将 3 个土柱灌水前再生水氨氮浓度与灌水后土柱出水的氨氮浓度对比,见图 4-8。

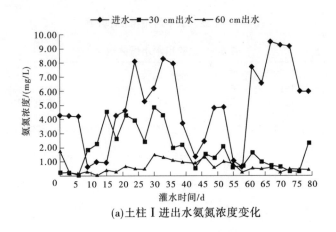

(a)土柱 Ⅰ 进出水氨氮浓度变化

图 4-8　3 个土柱进出水氨氮浓度变化

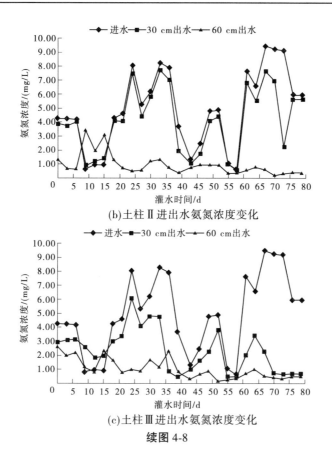

(b)土柱Ⅱ进出水氨氮浓度变化

(c)土柱Ⅲ进出水氨氮浓度变化

续图 4-8

在相同的进水氨氮浓度下,随着灌水时间的推移,3 个土柱在 30 cm 处出水的氨氮浓度变化波动较大,在 60 cm 处出水的氨氮浓度变化趋于稳定,且氨氮浓度明显小于进水氨氮浓度和 30 cm 处出水的氨氮浓度,这一现象说明土壤对氨氮具有一定的去除作用,尤其是到土柱 60 cm 处,土壤对氨氮的去除作用加强。

由于土壤对氨氮的去除率并不十分稳定,在此利用平均去除率比较其去除效果,见表 4-4。可以发现,3 个土柱对氨氮的去除效果依次为:土柱Ⅰ>土柱Ⅱ>土柱Ⅲ。3 种原状土去除效果的差异,其主要原因在于土柱Ⅰ的土壤以砂质土为主要土体,取自沙丘底部,无农田排水渗滤,土壤中污染物成分少,所积全氮少。当再生水渗滤时,土壤表现出对氨氮的强去除效果;土柱Ⅲ的土壤位于农田尾部的低洼地,常年经农田排水及雨水的不断渗滤与积渗,土壤中污染物成分复杂,所积全氮也多。相应地,对再生水氨氮的去除效果明显减弱,相比土柱Ⅲ,位于农田荒地的土柱Ⅱ的土壤经农田排水的积渗频次少,土体所含氨氮污染物相对较低,相应地,对再生水氨氮的去除效果比土柱Ⅲ好。

表4-4　3个土柱对再生水氨氮的平均去除率　　　　　　　(%)

出水位置/cm	土柱Ⅰ	土柱Ⅱ	土柱Ⅲ
30	28.23	14.86	46.43
60	78.45	71.26	67.35

以往多数研究也表明,包气带土壤层是天然的生态处理系统,可去除大部分有机污染物及 NH_4^+-N,对SS、浊度、重金属、微量有毒有害元素、病原微生物等也有很好的去除效果。包气带土壤处理技术正是利用土壤微生物植物系统和陆地生态系统的自我调控机制实现对污染物的综合净化功能,具有设备简单、投资少、操作管理方便、能耗低,而且净化效果良好等优点。

4.1.5.2　再生水渗滤后土壤污染物变化

1. 土壤氮污染物变化

根据土壤剖面自然发生层分层状况,剥除第一层土,土柱装填70 cm原状土,比较土柱渗滤前后土壤中氮污染物的变化情况,见表4-5。室内经再生水渗滤后,土柱Ⅰ中的全氮、氨氮、硝酸盐氮、亚硝酸盐氮浓度均比渗滤前有所增加;土柱Ⅱ中各层土壤中全氮浓度比渗滤前增多,氨氮、硝酸盐氮、亚硝酸盐氮浓度变化率不一;土柱Ⅲ中各层土壤中硝酸盐氮浓度比渗滤前降低,亚硝酸盐氮浓度增加,而全氮和氨氮浓度变化不一。总体上,相比再生水渗滤前,渗滤后土壤中全氮浓度以增加为主体态势。

表4-5　再生水渗滤前后土壤氮污染物变化

土柱编号	发生层分层(剖面)	全氮/(mg/kg)		氨氮/(mg/L)		硝酸盐氮/(mg/L)		亚硝酸盐氮/(mg/L)	
		灌前	灌后	灌前	灌后	灌前	灌后	灌前	灌后
土柱Ⅰ	18~120 cm	62	70.7	0.02	0.07	0.41	0.45	<0.001	0.045
土柱Ⅱ	7~35 cm	335	414	0.02	0.04	3.76	0.71	<0.001	0.072
	35~64 cm	142	300	0.03	0.02	2.53	0.76	0.263	0.055
	64~130 cm	139	454	<0.02	0.04	1.5	0.56	0.28	0.165
土柱Ⅲ	13~31 cm	1.92×10^3	1.43×10^3	0.03	0.02	4.35	0.97	<0.001	0.076
	31~46 cm	808	2.61×10^3	0.02	0.06	3.8	0.92	<0.001	0.124
	46~87 cm	124	1.27×10^3	0.03	<0.02	1.23	0.97	<0.001	0.061

2. 土壤有机碳、总磷及化学需氧量的变化

再生水经 3 个土柱渗滤后,土壤有机碳、总磷、化学需氧量(COD)等指标变化情况见表 4-6。其中土柱 I 中有机碳含量降低,总磷与 COD 浓度增加;土柱 II 和土柱 III 中 COD 浓度在灌后也明显升高,各土层有机碳和总磷在灌后的变化则各有差异。但总体上,3 个土柱在再生水渗滤后土壤 COD 浓度均呈现增加的趋势,而有机碳含量和总磷浓度的变化则分别以降低和升高为主体趋势。

表 4-6　再生水渗滤前后土壤有机碳、总磷及 COD 污染物变化

土柱编号	发生层分层（剖面）	有机碳/%		总磷/(mg/L)		化学需氧量/(mg/L)	
		灌前	灌后	灌前	灌后	灌前	灌后
土柱 I	18~120 cm	0.38	0.25	353	485	13.5	29.3
土柱 II	7~35 cm	0.87	0.89	569	493	18.5	21.3
	35~64 cm	0.51	0.45	512	490	9.7	10.6
	64~130 cm	0.42	0.37	380	454	13.7	28.1
土柱 III	13~31 cm	3.72	2.18	781	721	13.6	24
	31~46 cm	1.99	3.98	626	804	13.5	26.7
	46~87 cm	0.6	1.97	400	691	13.4	21

4.1.5.3　再生水渗滤与土壤性质相互影响分析

对再生水渗滤前后氨氮浓度变化状况与土壤主要物理化学性质的相关性进行分析,了解土壤性质对再生水氨氮浓度变化的影响关系;对再生水渗滤后,土壤中主要污染物浓度变化状况与土壤主要物理化学性质的相关性进行分析,了解再生水渗滤对土壤性质的影响关系,见图 4-9。一般情况下,相关系数为 0.3~0.5,认为二者弱相关。相关系数>0.8,可认为二者强相关。在此,筛选相关系数>0.5 进行分析,以初步了解在再生水渗滤过程中对再生水与土壤中污染物浓度变化的相关因素。

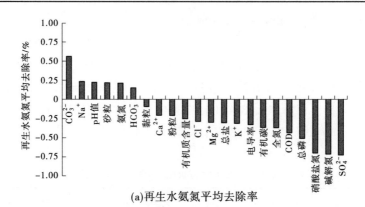

(a)再生水氨氮平均去除率

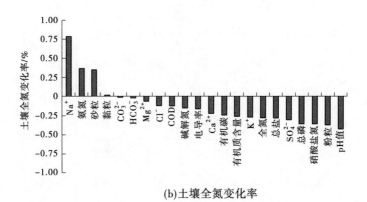

(b)土壤全氮变化率

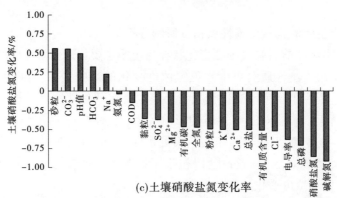

(c)土壤硝酸盐氮变化率

图4-9 渗滤前后出水氨氮去除率、土壤污染物浓度变化与土壤性质相关性分析

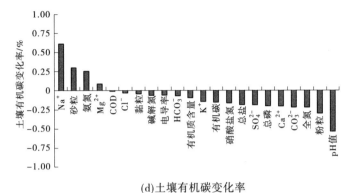

(d)土壤有机碳变化率

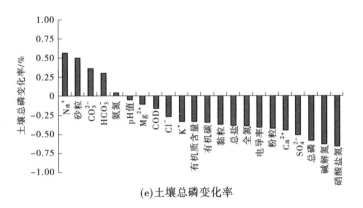

(e)土壤总磷变化率

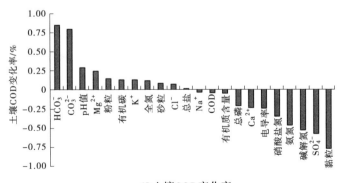

(f)土壤COD变化率

续图 4-9

1. 再生水氨氮去除率与土壤性质的相关关系

再生水渗滤前后,再生水中的氨氮平均去除率与土壤中 CO_3^{2-} 含量正相关,相关系数 0.563 7,与总磷、硝酸盐氮、碱解氮和 SO_4^{2-} 含量负相关,相关系数分别为-0.513 3、-0.701 0、-0.719 8、-0.733 4。由此表明,土壤中 CO_3^{2-} 含量对氨氮去除率有一定影响,CO_3^{2-} 含量较多,氨氮去除率较高;而土壤中总磷、硝酸盐氮、碱解氮和 SO_4^{2-} 含量则对再生水氨氮去除率有一定的制约作用。

2. 土壤污染物变化与土壤性质的相关关系

土壤全氮浓度变化率与土壤中 Na^+ 含量正相关,相关系数 0.777 3,表明土壤中 Na^+ 含量对土壤全氮浓度变化率影响较明显。其他指标则不明显。

土壤硝酸盐氮浓度变化率的影响因素较复杂,与土壤中砂粒含量、CO_3^{2-}、pH 值正相关,相关系数依次为 0.556 3、0.554 2、0.491 5;与粉粒含量、K^+、Ca^{2+}、总盐、有机质含量、Cl^-、电导率、总磷、硝酸盐氮、碱解氮含量均成较明显负相关关系,相关系数依次为-0.505 2、-0.507 1、-0.508 8、-0.509 2、-0.515 5、-0.525 9、-0.639 3、-0.715 2、-0.867 5、-0.925 5。

土壤有机碳含量变化率与土壤中 Na^+ 正相关,相关系数为 0.612 4,受 pH 值负相关影响较大,相关系数-0.543 5。

土壤总磷浓度变化率与土壤中 Na^+ 正相关,相关系数为 0.557 9,与砂粒正相关,相关系数为 0.492 1;与 SO_4^{2-}、总磷、碱解氮、硝酸盐氮负相关,相关系数依次为-0.523 9、-0.596 7、-0.640 1、-0.670 0。

土壤 COD 浓度变化率与土壤中 HCO_3^-、CO_3^{2-} 正相关性显著,相关系数依次为 0.847 8、0.795 6;与碱解氮、SO_4^{2-}、黏粒负相关,相关系数依次为-0.539 2、-0.589 8、-0.784 0。

通过分析可知,再生水渗滤后,土壤中 CO_3^{2-} 含量越高,土壤中硝酸盐氮和 COD 含量变化越明显;土壤中 Na^+ 含量越高,土壤全氮、有机碳及总磷浓度波动越显著;土壤中 HCO_3^- 含量多,则土壤 COD 浓度变化明显。而土壤中总磷、碱解氮、硝酸盐氮、SO_4^{2-} 与土壤多个污染物浓度变化负相关关系显著,是制约渗滤前后土壤污染物浓度变化的主要因素。

4.1.6　结论与讨论

4.1.6.1　结论

再生水通过渗滤进入土柱后,在土柱 60 cm 处出水氨氮浓度逐渐趋于稳定,并明显低于进水及 30 cm 处的氨氮浓度,且当进水氨氮浓度相同时,3 个不同土壤的土柱均表现出相同的变化规律。说明荒漠土壤对氨氮有明显的去除作用,尤其是到土柱 60 cm 处,土壤对氨氮的去除作用加强。

由于采用的土壤是原状土,土壤成分复杂,对氨氮的去除率并不十分稳定。3 个土柱对氨氮的去除效果不同,这与试验所取土壤受到的自然与人为农业活动因素导致的土壤污染物含量不同有密切关系。不同土壤质地、组分与性质不同,对氨氮的去除效果有明显差异。

再生水渗滤后土壤污染物浓度变化各有差异,总体上,相比再生水渗滤前,渗滤后土壤中氮污染物浓度以增加为主体态势。3 个土柱在再生水渗滤后土壤 COD 浓度均呈现增加的趋势,而有机碳含量和总磷浓度的变化则分别以降低和升高为主体趋势。

通过相关性分析,大致了解再生水渗滤后,土壤性质对再生水氨氮去除率和土壤污染物浓度变化的影响因素。在所检测的无机污染物和离子成分中,土壤中的 $CO_3{}^{2-}$、$HCO_3{}^-$、Na^+、$SO_4{}^{2-}$、总磷、碱解氮与硝酸盐氮等指标含量对再生水氨氮的去除率及土壤中污染物浓度变化有明显的影响。

4.1.6.2　讨论

本书仅主要分析了再生水渗滤后荒漠土壤对再生水氨氮污染物的去除效果,对其他无机污染物在荒漠土壤的变化进一步试验分析,以进一步掌握其在土壤的迁移、截留、吸附、吸收、降解等过程及其作用机制。

本书主要分析了土壤物理性质、土壤无机污染物与再生水渗滤前后浓度变化关系,要掌握再生水渗滤与土壤污染物变化之间的关系与机制,还应对土壤有机物污染物、生物学指标、重金属、生物毒性指标、生态效应指标等进行监测与试验分析。

土壤渗滤技术要求灌入的再生水或经过前处理的污水需满足地下回灌的水质要求,否则对灌入区域的土壤和地下水将带来严重污染且难以补救。因此,这就要求城市污水处理厂和再生水厂提高现有处理能力以确保水质达标。

影响土壤渗滤系统应用的因素复杂,需对渗滤基质(土壤)组成与性质、进水水质与水力负荷等进行综合分析,所以在实际应用中,应充分考虑技术经济性,力求在环境容量下限约束范围内,以投入最少、处理效果最佳为目标来采用土壤渗滤技术。

4.2　荒漠土壤氨氮吸附性能试验研究

4.2.1　试验目的和意义

通过试验,了解荒漠土壤对氨氮的吸附行为,定量分析氨氮的吸附过程,分析不同深度的土壤对氨氮的饱和吸附量,探究氨氮等的吸附机制。通过掌握土壤对氨氮的吸附动力学和吸附热力学特征,探索土壤对氨氮的吸附规律和吸附机制,为进一步探究氨氮在地下水中迁移规律,提供理论依据;进而为确定包气带土壤层的环境容量、开展包气带介质的防污特性评价、探索地下水污染机制提供科学支撑,为干旱区再生水回灌的水质安全提供科学依据。

4.2.2　试验材料与方法

4.2.2.1　试验材料

由于再生水中氨氮浓度较低,平均为 4.85 mg/L,且其化学成分复杂,若用再生水做氨氮吸附试验,具有很多不确定性,不能很好地了解土壤对氨氮的吸附行为。因此,本试验利用氯化铵(优级纯)加超纯水制备 10 mg/L 的氨氮溶液,开展静态吸附试验,以揭示土壤对氨氮的吸附规律。

试验土壤取自上述 3 个采样点处的土壤,仍按土壤的自然分层状况分层采集,与室内土柱试验中的土壤一致,分别为:采样点 I 的 18~120 cm 的土壤;采样点 II 的 7~35 cm、35~64 cm、64~130 cm 的土壤;采样点 III 的 13~31 cm、31~46 cm、46~87 cm 的土壤。对上述土壤样品,取出杂物,自然风干、研碎及 80 目筛筛分,放入烘箱(105 ℃)烘干,待冷却后密封保存。进行土壤吸附试验,研究荒漠土壤对氨氮吸附性能。

4.2.2.2　吸附动力学试验

先用氯化铵(优级纯)配制氨氮标准贮备溶液(10 mg/L),然后在临用前,吸取 5 mL 氨氮标准贮备液于 500 mL 容量瓶中,定容至刻度,配制成浓度为 10 mg/L 的氨氮溶液。分别称取 2 g 干土样(已过 80 目筛),放入 15 个已标过号的 300 mL 聚乙烯瓶中,然后将之前配制好的氨氮溶液(10 mg/L),取 100 mL,分别倒入各聚乙烯瓶中,摇匀至充分混合。将 15 个聚乙烯瓶同时放入恒温振荡器中,设置不同的振荡时间(2 min、5 min、10 min、30 min、60 min、90 min、120 min、150 min、180 min、210 min、240 min、300 min、360 min、420 min、480 min),且相同时间点做平行样,设置振速为 160 r/min,进行振荡。振荡结束后,立即取出各聚乙烯瓶,分别取 80 mL 溶液至 100 mL 离心瓶中,以 4 000 r/min 的转速,离心 10 min,倾取上清液,检测水样中的氨氮浓度。按照吸附量的公式,计算土样在不同振荡时间下的吸附量,进而绘制氨氮吸附动力学曲线。

4.2.2.3　吸附热力学试验

在试验开始前,分别吸取 1.00 mL、2.00 mL、4.00 mL、6.00 mL、8.00 mL、10.00 mL、15.00 mL、20.00 mL、25.00 mL、30.00 mL、40.00 mL、50.00 mL 氨氮标准贮备溶液(10 mg/L)于 100 mL 容量瓶中,定容至标线后,配制成浓度分别为 10 mg/L、20 mg/L、40 mg/L、60 mg/L、80 mg/L、100 mg/L、150 mg/L、200 mg/L、250 mg/L、300 mg/L、400 mg/L、500 mg/L 的氨氮溶液。分别称取 2 g 干土样(已过 80 目筛),放入 12 个已标过号的 300 mL 聚乙烯瓶中,然后将之前配制好的 12 个不同浓度的氨氮溶液,分别倒入对应的聚乙烯瓶中,摇匀至充分混合,每一个浓度做一个平行样。将 12 个聚乙烯瓶同时放入恒温振荡器中,设置振速为 160 r/min,进行振荡,振荡时间根据吸附动力学试验确定。振荡结束后,立即取出各聚乙烯瓶,分别取 80 mL 溶液至 100 mL 离心瓶中,以 4 000 r/min 的转速,离心 10 min,倾取上清液,检测水样中的氨氮浓度。按照吸附量的公式,计算土样在不同浓度氨氮条件的吸附量,进而绘制氨氮吸附热力学曲线。

4.2.2.4　数据处理方法

1. 吸附量的计算公式

$$Q = \frac{(C_0 - C_e)V}{W} \tag{4-1}$$

式中　Q——吸附量,μg/g;

　　　C_0——氨氮初始浓度,μg/mL;

　　　C_e——吸附平衡时氨氮浓度,μg/mL;

　　　W——土样干重,2 g;

　　　V——加入样品中溶液体积,100 mL。

2. 土样对氨氮吸附率的计算公式

$$W(\%) = \frac{Q}{Q_T} \times 100\% \tag{4-2}$$

式中　Q——氨氮吸附量,μg/g;

　　　Q_T——总氨氮含量,μg/g。

3. 吸附动力学模型

一级动力学模型表达式：

$$\frac{\mathrm{d}Q_t}{\mathrm{d}t} = k_1(Q_e - Q_t) \tag{4-3}$$

式中　Q_e——平衡吸附量，$\mu g/g$；

　　　Q_t——t 时刻的吸附量，$\mu g/g$；

　　　k_1—— 一级吸附速率常数。

当 $t = 0$ 时，$Q_t = 0$，可得

$$\log(Q_e - Q_t) = \log Q_e - \frac{k_1 t}{2.303} \tag{4-4}$$

准二级吸附动力学模型表达式：

$$\frac{\mathrm{d}Q_t}{\mathrm{d}t} = k_2(Q_e - Q_t)^2 \tag{4-5}$$

式中　Q_e——平衡吸附量，$\mu g/g$；

　　　Q_t——t 时刻的吸附量，$\mu g/g$；

　　　k_2——准二级吸附速率常数。

4. 吸附热力学模型

Henry 吸附等温模型表达式：

$$Q = K_{\mathrm{H}} C \tag{4-6}$$

式中　C——平衡浓度，mg/L；

　　　Q——土壤吸附量，mg/kg；

　　　K_{H}——回归线斜率常数。

Freundlich 吸附等温模型表达式：

$$Q = K_{\mathrm{F}} C^{1/n} \tag{4-7}$$

对式(4-7)两边同时取对数，可得 Freundlich 吸附等温式的线性拟合方程：

$$\lg Q = \lg K_{\mathrm{F}} + \frac{1}{n}\lg C \tag{4-8}$$

式中　C——平衡浓度，mg/L；

　　　Q——土壤吸附量，mg/kg；

　　　K_{F}——Freundlich 吸附分配系数；

　　　n——平衡常数。

Langmuir 吸附等温模型表达式：

$$Q = \frac{Q_{max}K_L C}{1 + K_L C} \tag{4-9}$$

将 Langmuir 吸附等温式加以变换,可得 Langmuir 等温式的线性表达式:

$$\frac{1}{Q} = \frac{1}{Q_{max}K_L C} + \frac{1}{Q_{max}} \tag{4-10}$$

式中　C——平衡浓度,mg/L;

　　　Q——土壤吸附量,mg/kg;

　　　Q_{max}——土壤饱和吸附量,mg/kg;

　　　K_L——吸附系数。

5. 曲线的绘制和拟合

采用非线性最小二乘法处理试验数据,分析土壤对氨氮的吸附动力学和热力学特征,通过获取吸附动力学模型和吸附热力学模型,了解吸附的机制。利用 Excel 进行拟合,获得有关方程的常数和相关系数。

4.2.3　氨氮的吸附动力学特征

4.2.3.1　荒漠土壤对氨氮的吸附量

氨氮吸附动力学过程反映了土壤对氨氮的吸附量随时间的变化关系,也就是表观吸附速率。通过分析动力学过程,划分反应阶段,获取氨氮吸附的反应速率。根据氨氮吸附动力学试验结果,以时间为横坐标,吸附量为纵坐标,绘制 3 个采样点不同发生层土壤对氨氮吸附动力学曲线,见图 4-10。

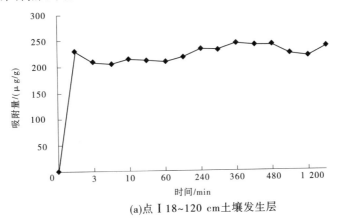

(a)点 I 18~120 cm土壤发生层

图 4-10　3 个采样点不同发生层土壤对氨氮吸附动力学曲线

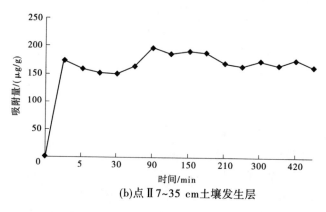

(b)点Ⅱ7~35 cm土壤发生层

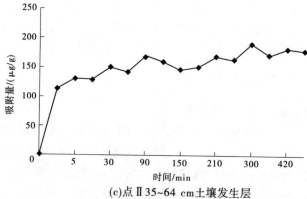

(c)点Ⅱ35~64 cm土壤发生层

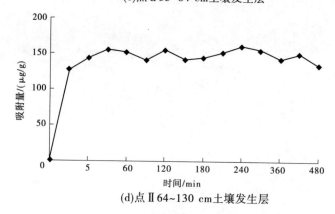

(d)点Ⅱ64~130 cm土壤发生层

续图 4-10

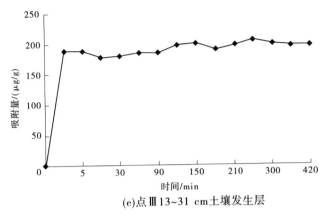

(e)点Ⅲ13~31 cm土壤发生层

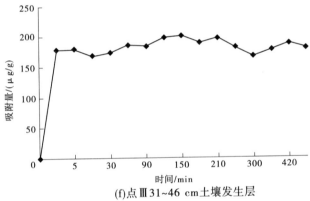

(f)点Ⅲ31~46 cm土壤发生层

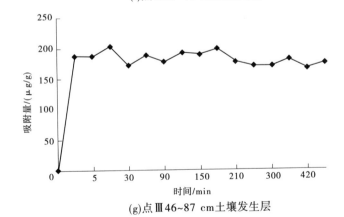

(g)点Ⅲ46~87 cm土壤发生层

续图4-10

当 $t=1$ min,点 I 18~120 cm 土壤层对氨氮的吸附量 $Q=230$ μg/g,吸附率达94%,随着 t 的延长,吸附量逐渐下降,随后又逐渐上升,但总体变化并十分不明显,吸附过程基本达到平衡。当吸附进行到 90 min 时,吸附量为 210 μg/g。

当 $t=2$ min 时,点 II 7~35 cm 土壤层对氨氮的吸附量 $Q=174$ μg/g,吸附率达88%。随着 t 的延长,吸附量逐渐下降,当 $t=30$ min 时达到最低,随后又逐渐上升。当 $t=90$ min 时,达到最大吸附量 197 μg/g。吸附进行到 90 min 后,随着吸附时间的延长,该土壤层对氨氮吸附量的变化较小,即吸附过程达到平衡。

当 $t=5$ min 时,点 II 35~64 cm 土壤层对氨氮的吸附量 $Q=132$ μg/g,吸附率达69%。随着 t 的延长,吸附量逐渐上升。吸附进行到 90 min 时,吸附量为 170 μg/g,吸附率达到89%;此后随着吸附时间再延长,该土壤层对氨氮的吸附量上下波动,略有上升,吸附过程基本达到平衡。

当 $t=2$ min 时,点 II 64~130 cm 土壤层对氨氮的吸附量 $Q=127$ μg/g,吸附率达79%,随着 t 的延长,吸附量的增长幅度较小。当吸附进行到 90 min 时,吸附量为 142 μg/g,此后,该土壤层对氨氮的吸附量波动变化,吸附过程基本达到平衡。

当 $t=2$ min 时,点 III 13~31 cm 土壤层对氨氮的吸附量 $Q=189$ μg/g,吸附率达92%,随着 t 的延长,吸附量的增长幅度很小,吸附过程基本达到平衡状态,在 90 min 时,该土壤层对氨氮吸附量为 186 μg/g。

当 $t=2$ min 时,点 III 31~46 cm 土壤层对氨氮的吸附量 $Q=179$ μg/g,吸附率达89%,随着 t 的延长,吸附量逐渐上升,但增长速率较小。当吸附进行到 90 min 时,吸附量为 186 μg/g,此后该土壤层对氨氮的吸附量上下波动变化,吸附过程基本达到平衡。

当 $t=2$ min 时,点 III 46~87 cm 土壤层对氨氮的吸附量 $Q=188$ μg/g,吸附率达93%,随着 t 的延长,吸附量波动变化并总体略有下降,吸附过程基本达到平衡。当 $t=10$ min 时,达到最大吸附量 203 μg/g。吸附进行到 90 min 时,吸附量为 177 μg/g。

综上所述,各土样对氨氮吸附达到平衡时所需的时间差不多,且吸附动力学曲线走向基本相同,呈 γ 型。由图 4-10 可知,0~10 min 内,吸附量的增长速度较快,90 min 后,土壤对氨氮的吸附量变化幅度较小,即吸附过程达到平衡。说明氨氮与各土样之间作用均很强烈,短时间内即可达到平衡,即在 10 min 内为快速吸附,10~90 min 为慢速吸附,大于 90 min 为动态平衡吸附。为了确保吸附充分,后续等温吸附试验平衡时间选择 120 min。

根据不同土壤对氨氮的吸附动力学试验结果,可以得到本研究条件下 7 个土样对氨氮吸附的最大吸附量 Q_{max},即达到吸附平衡时的吸附量,结果见表 4-7,土壤对氨氮的最大吸附量变化范围在 161.6~244.9 μg/g。

表 4-7　土壤对氨氮的最大吸附量 Q_{max}　　　　单位:μg/g

样品	点 I 18~120 cm 土壤层	点 II 7~35 cm 土壤层	点 II 35~64 cm 土壤层	点 II 64~130 cm 土壤层	点 III 13~31 cm 土壤层	点 III 31~46 cm 土壤层	点 III 46~87 cm 土壤层
Q_{max}	244.9	197.4	191.9	161.6	205.8	200.7	203.0

4.2.3.2　吸附动力学模型

常用的吸附动力学模型有一级动力学反应模型和准二级动力学反应模型。一级动力学方程和准二级动力学方程都是简化的数学模型,实际是通过机制推理假设,设定边界条件得到的偏微分方程。一级动力学反应模型,是指反应速率与(Q_e-Q_t)呈线性关系,即吸附速度与平衡吸附量和 t 时刻吸附量的差值呈正比关系;准二级动力学反应模型,是指反应速率与两种反应物浓度呈线性关系,即吸附速率受化学吸附机制影响,化学吸附过程与氨氮和土壤介质之间的共用电子或电子转移有关。

利用非线性最小二乘法,对吸附试验数据进行拟合,通过比较两个模型对试验数据的拟合结果,观察相关系数 R^2,发现一级动力学反应模型的相关系数均在 0.3 左右;而准二级动力学反应模型的相关系数均在 0.9 以上。明显可以看出,准二级动力学模型比一级动力学模型拟合得更好,说明在本试验过程中,土壤对氨氮的吸附主要表现为化学吸附作用。准二级反应动力学曲线如图 4-11 所示,氨氮的准二级吸附动力学方程如表 4-8 所示。

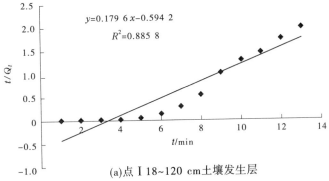

(a)点 I 18~120 cm 土壤发生层

图 4-11　3 个采样点不同土壤发生层准二级反应动力学曲线

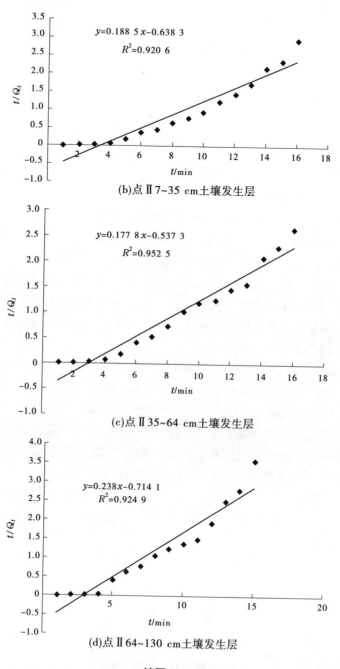

(b)点Ⅱ7~35 cm土壤发生层

(c)点Ⅱ35~64 cm土壤发生层

(d)点Ⅱ64~130 cm土壤发生层

续图 4-11

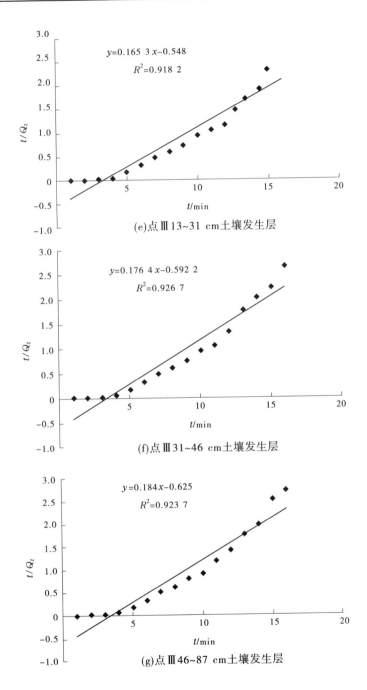

$y=0.165\ 3\ x-0.548$

$R^2=0.918\ 2$

(e)点Ⅲ13~31 cm土壤发生层

$y=0.176\ 4\ x-0.592\ 2$

$R^2=0.926\ 7$

(f)点Ⅲ31~46 cm土壤发生层

$y=0.184x-0.625$

$R^2=0.923\ 7$

(g)点Ⅲ46~87 cm土壤发生层

续图4-11

表 4-8　氨氮的准二级吸附动力学方程

土样	拟合方程	$Q_e/(\mu g/g)$	k_2	相关系数 R^2
点 I 18~120 cm	$Q_t = \dfrac{3\,865.95t}{1+15.79t}$	244.89	0.064	0.886
点 II 7~35 cm	$Q_t = \dfrac{140.23t}{1+0.71t}$	197.36	0.003 6	0.921
点 II 35~64 cm	$Q_t = \dfrac{140.23t}{1+0.73t}$	191.87	0.003 8	0.953
点 II 64~130 cm	$Q_t = \dfrac{298.52t}{1+1.85t}$	161.59	0.011 4	0.925
点 III 13~31 cm	$Q_t = \dfrac{1\,156.82t}{1+5.62t}$	205.79	0.027	0.918
点 III 31~46 cm	$Q_t = \dfrac{827.33t}{1+4.12t}$	200.69	0.021	0.927
点 III 46~87 cm	$Q_t = \dfrac{1\,310.3t}{1+6.45t}$	203.03	0.032	0.924

准二级动力学模型表达式为 $dQ_t = k_2(Q_e - Q_t)^2$，即 $Q_t = \dfrac{k_2 Q_e 2 t}{1+k_2 Q_e t}$，其中 Q_e 为平衡时的吸附量，$\mu g/g$；Q_t 为 t 时刻的吸附量，$\mu g/g$；k_2 为表观二级吸附速率常数。

由拟合的准二级动力学方程式可以分别计算出土壤吸附氨氮达到 50% 平衡吸附量和 90% 平衡吸附量所需的时间，如表 4-9 所示。

表 4-9　吸附达到 50%、90% 吸附量时所对应的时间

土样	50%吸附量平衡时间/min	90%吸附量平衡时间/min	吸附率/%
点 I 18~120 cm	0.06	0.57	48.98
点 II 7~35 cm	1.41	12.67	39.47
点 II 35~64 cm	1.37	12.31	38.37
点 II 64~130 cm	0.54	4.87	32.32
点 III 13~31 cm	0.18	0.32	41.16
点 III 31~46 cm	0.24	2.18	40.14
点 III 46~87 cm	0.15	1.39	40.61

7 个土样对氨氮的吸附,当吸附量达到平衡吸附量的 90% 时,只需要 10 min 左右,由此可以大概推测,在 10 min 内为快速吸附;10~90 min 为慢速吸附;大于 90 min 为动态平衡吸附。可见,氨氮的水溶液与土壤之间作用很强烈,一旦接触,短时间内就会被土壤吸附。氨氮在土壤中的吸附量达到平衡吸附量,吸附率可达 40% 左右。因此,只有 40% 左右的氨氮能够被土壤吸附,而 60% 左右的氨氮仍会流失。根据吸附动力学试验数据可以发现,氨氮达到吸附平衡状态时,所需的最短时间为 90 min。因此,在氨氮的吸附热力学试验中,振荡时间不能低于 90 min。否则,吸附等温试验中得到的平衡吸附量,不能代表包气带土壤层的最大实际吸附量。

4.2.4　氨氮的吸附热力学特征

固体物质表面吸住流体相(气、液)中的分子或者离子的现象,从而达到分离的过程,称为吸附过程。水溶液中土壤颗粒对溶质的吸附,符合动态平衡过程。在恒温条件下,当吸附达到平衡时,土壤颗粒表面的吸附量(Q)与平衡时的浓度(C)之间的关系,可以用吸附等温线描述,反映土壤颗粒的吸附能力。目前,使用较多的吸附等温曲线方程有三种,即 Henry 方程、Langmuir 方程和 Freundlich 方程,简称为 H 型、L 型和 F 型吸附等温曲线方程。对试验数据分别作 H 型、F 型和 L 型吸附等温线,见图 4-12。

氨氮的吸附等温模型拟合数据见表 4-10。3 种吸附等温曲线方程对各土样的拟合效果较好,均可以描述氨氮在土壤中的热力学吸附过程,说明吸附过程符合单分子层吸附模型。

氨氮的吸附过程大致分为两个阶段:当氨氮溶液的浓度低于 100 mg/L 时,土壤对氨氮的吸附过程符合线性吸附;当氨氮溶液的浓度高于 100 mg/L 时,土壤对氨氮的吸附过程符合非线性吸附,在此阶段,吸附速率逐渐降低,吸附过程渐渐趋于平衡,吸附量趋于一个常数,即平衡吸附量。说明土壤对氨氮的吸附量与所处环境中氨氮的浓度有关,当环境中氨氮污染源的浓度越高,土壤对其的吸附量也就越大,即两者呈正相关关系;但是,当环境中氨氮污染源的浓度超过一定阈值时,土壤介质吸附饱和,即达到最大吸附量。各土样对氨氮的饱和吸附量变化范围在 2 000~2 500 μg/g,变化幅度较小。

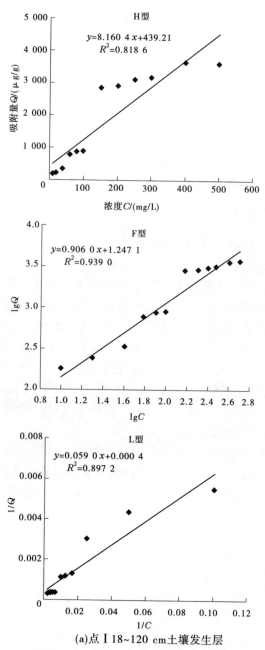

(a)点Ⅰ18~120 cm土壤发生层

图4-12　3个采样点不同土壤发生层土壤对氨氮的H型、F型和L型吸附等温线

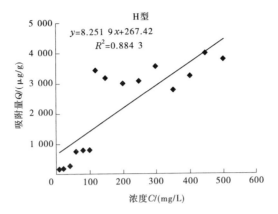

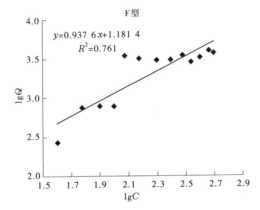

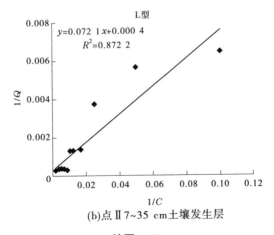

(b)点Ⅱ7~35 cm土壤发生层

续图4-12

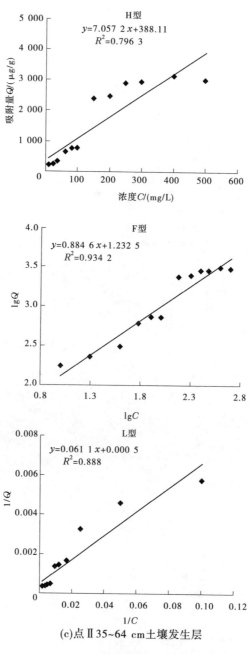

(c)点Ⅱ35~64 cm土壤发生层

续图 4-12

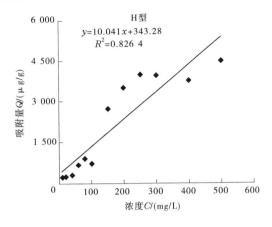

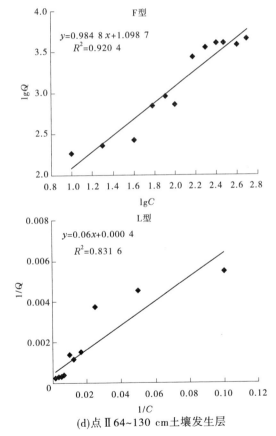

(d)点Ⅱ64~130 cm土壤发生层

续图4-12

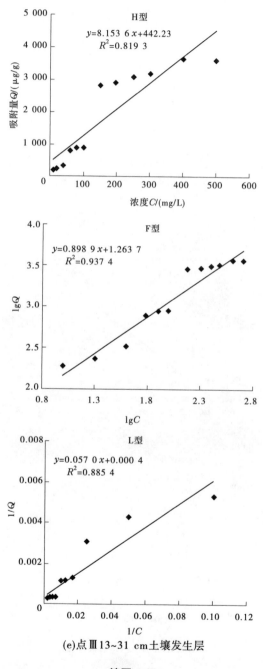

(e)点Ⅲ13~31 cm土壤发生层

续图 4-12

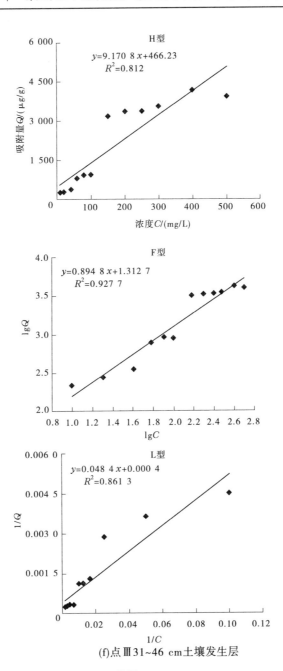

(f)点Ⅲ31~46 cm土壤发生层

续图 4-12

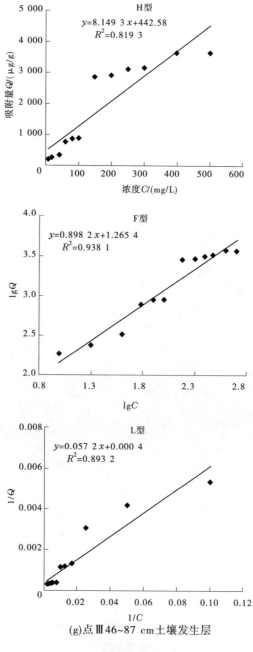

(g)点Ⅲ46~87 cm土壤发生层

续图 4-12

表 4-10　氨氮的吸附等温模型拟合结果对比

土样	Henry 吸附模型		Freundlich 吸附模型			Langmuir 吸附模型		
	K_H	R^2	$\lg K_F$	n	R^2	K_L	$Q_{max}/$ $(\mu g/g)$	R^2
点 I 18~ 120 cm	8.160 4	0.818 6	1.247 1	1.103 8	0.939 0	0.006 8	2 500	0.897 2
点 II 7~ 35 cm	8.251 9	0.884 3	1.181 4	1.066 6	0.761	0.004 1	2 333.33	0.872 2
点 II 35~ 64 cm	7.057 2	0.796 3	1.232 5	1.130 5	0.934 2	0.008 2	2 000	0.888
点 II 64~ 130 cm	10.041	0.826 4	1.098 7	1.015 4	0.920 4	0.006 7	2 500	0.831 6
点 III 13~ 31 cm	8.153 6	0.819 3	1.263 7	1.118 32	0.937 4	0.008 26	2 500	0.885 4
点 III 31~ 46 cm	9.170 8	0.812	1.312 7	1.117 6	0.927 7	0.008 3	2 500	0.861 3
点 III 46~ 87 cm	8.149 3	0.819 3	1.265 4	1.113 3	0.938 1	0.007 0	2 500	0.893 2

4.2.5　不同质地土壤对氨氮的吸附作用差异分析

选取以上土样试验中不同质地的 3 份土壤所做的试验,分析其不同质地土壤对氨氮吸附作用的差异(见图 4-13),发现不同质地的土壤对氨氮吸附达到平衡时所需的时间差不多,且吸附动力学曲线走向基本相同,呈 γ 型。0~10 min 内,吸附量的增长速度较快,90 min 后,土壤对氨氮的吸附量变化幅度较小,即吸附过程基本达到平衡。说明氨氮与各土样之间作用均很强烈,短时间内即可达到平衡,即在 10 min 内为快速吸附,10~90 min 为慢速吸附,大于 90 min 为动态平衡吸附。为了确保吸附充分,后续等温吸附试验平衡时间选择 120 min。土壤颗粒越细,其达到平衡时的吸附量也越大,其中粉质黏土、砂质黏土、粉质砂土的最大吸附量 Q_{max} 分别为 205.8 $\mu g/g$、197.4 $\mu g/g$、161.6 $\mu g/g$。

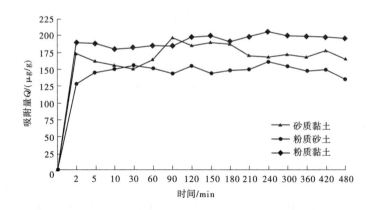

图 4-13 不同质地土壤对氨氮的吸附动力学曲线

不同质地土壤的吸附拟合等温线见图 4-14 ~ 图 4-16。从图中可知,3 种质地土壤吸附试验数据对于 Freundlich 等温式具有较好的相关性。计算所得相关参数见表 4-11。砂质黏土、粉质砂土和粉质黏土 3 种土壤吸附等温曲线更加符合 Freundlich 等温吸附模式,相关系数总体上大于对应的 Langmuir 等温吸附模式的相关系数,其中砂质黏土等温吸附模式为 $\lg Q = \lg 15.1845 + 0.94\lg C$;粉质砂土等温吸附模式为 $\lg Q = \lg 12.5516 + 0.98\lg C$;粉质黏土等温吸附模式为 $\lg Q = \lg 20.8018 + 0.89\lg C$。

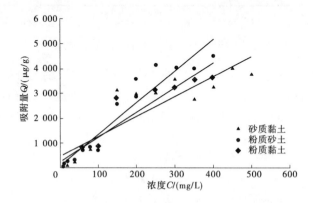

图 4-14 不同质地土壤对氨氮吸附 Henry 拟合等温线

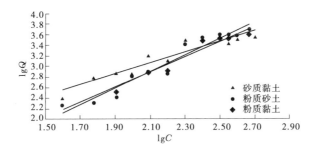

图 4-15　不同质地土壤对氨氮吸附 Freundlich 拟合等温线

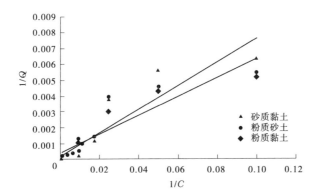

图 4-16　不同质地土壤对氨氮吸附 Langmuir 拟合等温线

表 4-11　不同质地土壤对氨氮吸附的等温方程拟合参数

土壤质地	Henry 吸附模型		Freundlich 吸附模型			Langmuir 吸附模型		
	K_H	R^2	K_F	n	R^2	K_L	$Q_{max}/$ $(\mu g/g)$	R^2
砂质黏土	8.251 9	0.884 3	15.184 5	1.066 6	0.761 0	0.004 1	2 333.33	0.872 2
粉质砂土	10.041	0.826 4	12.551 6	1.015 4	0.920 4	0.006 7	2 500	0.831 6
粉质黏土	9.232 8	0.819 3	20.801 8	1.118 32	0.937 4	0.008 26	2 500	0.885 4

　　综上分析可知,3 种质地的土壤对于氨氮的吸附能力随着粒径的不同而不同,吸附能力表现为粉质黏土>砂质黏土>粉质砂土。3 种质地的土壤对氨氮的吸附主要在前 90 min 内完成,在 10 min 内为快速吸附阶段,10~90 min为慢速吸附阶段,90 min 之后逐渐达到吸附平衡,吸附过程均符合准二级吸附

动力学方程,说明供试土壤吸附氨氮主要是化学吸附作用,受控于离子交换反应速率,其中粉质黏土、砂质黏土、粉质砂土的二级吸附速率常数分别为0.027、0.003 6、0.011 4。当氨氮浓度低于 100 mg/L 时,氨氮吸附过程符合 Henry 吸附等温曲线,吸附过程主要是依靠分子引力和离子键力,吸附平衡浓度 C_e 为 0.7~0.99 mg/L;当氨氮浓度高于 100 mg/L 时,氨氮吸附过程符合 Freundlich 吸附等温曲线方程,吸附过程符合单分子层吸附模型。其中,粉质黏土的吸附常数 $K_F = 20.801\,8$,砂质黏土的吸附常数 $K_F = 15.184\,5$,粉质砂土的吸附常数 $K_F = 12.551\,6$。

4.2.6　结论与讨论

(1)各土样对氨氮吸附达到平衡时所需的时间差不多,且吸附动力学曲线走向基本相同,呈 γ 型;可以看出,0~10 min 内,吸附量的增长速度较快,90 min 后,土壤对氨氮的吸附量变化幅度较小,即吸附过程达到平衡;说明氨氮与各土样之间作用均很强烈,短时间内即可达到平衡,即在 10 min 内为快速吸附,10~90 min 为慢速吸附,大于 90 min 为动态平衡吸附;为了确保吸附充分,后续等温吸附试验平衡时间选择 120 min;各土样对氨氮的最大吸附量变化范围在 161.6~244.9 μg/g。

氨氮的水溶液与土壤之间作用很强烈,一旦接触,短时间内就会被土壤吸附;氨氮在土壤中的吸附量达到平衡吸附量时,吸附率可达 40% 左右。因此,只有 40% 左右的氨氮能够被土壤吸附,而 60% 左右的氨氮仍会流失;7 个土样对氨氮吸附的动力学过程,非线性准二级动力学模型比拟一阶动力学模型拟合得更好,说明供试土壤吸附氨氮主要是化学吸附作用,并主要受控于离子交换反应速率。

(2)根据等温吸附试验数据绘制吸附等温线,结果表明:氨氮浓度越高,氨氮的吸附量越多且趋于饱和,吸附等温曲线越来越平缓。对试验数据分别作 H 型、F 型和 L 型吸附等温线,进行线性拟合,结果表明:3 种吸附等温曲线方程都可以较好地描述各土样对氨氮的吸附等温线,但 Freundlich 吸附模型描述氨氮在土壤中的热力学吸附过程效果更佳,说明该吸附过程符合单分子层吸附模型。当氨氮浓度低于 100 mg/L 时,氨氮吸附过程符合 Henry 吸附等温曲线,说明此时吸附过程主要依靠分子引力和离子键力。

(3)3 种质地的土壤对于氨氮的吸附能力随着粒径的不同而不同,吸附能力表现为粉质黏土>砂质黏土>粉质砂土。

参考文献

[1] 武轩韵,孙向阳,栾亚宁,等. 5 种基质对污水中氨氮的去除效果筛选及研究[J]. 水处理技术,2015, 41(2)：52-55.

[2] 宋思雨. 污水地下渗滤系统氨氮、有机氮的去除机理及影响因素研究[D]. 沈阳:沈阳师范大学,2017.

[3] 杨欢. 基于平衡和非平衡模型的包气带土壤中氨氮运移过程研究[D]. 北京:中国地质大学, 2015.

[4] 隋淑梅,尹志刚,姜利国,等. 考虑地下水温度的土壤吸附氨氮动力学行为研究[J]. 水资源与水工程学报,2016, 27(3)：217-220,225.

[5] 李慧. 氨氮在黄土包气带中吸附解吸特征和影响因素探讨[D]. 西安:长安大学, 2014.

[6] 田华. 氨氮在滦河三角洲典型包气带介质上的吸附性能研究[J]. 环境工程学报, 2011, 5(3)：507-510.

[7] 孙大志,李绪谦,潘晓峰. 氨氮在土壤中的吸附/解吸动力学行为的研究[J]. 环境科学与技术,2007, (8)：16-18,111,116.

第 5 章　再生水地下储存健康风险研究

5.1　再生水地下储存的潜在健康风险及其评价方法

5.1.1　概述

风险是指不良后果或不希望事件发生的可能性,是一种统计学的概念。对可能使人体健康产生不利影响的事件发生概率进行描述和定量分析的过程称为健康风险评价。就再生水利用而言,健康风险评价就是对人群通过各种途径暴露于再生水中的化学污染物和病原微生物所导致的潜在健康风险发生的概率、性质及程度进行定量评价的系统过程。再生水地下储存的健康风险评价可为再生水水质标准的制定、利用过程风险管理和决策提供理论依据,指导管理人员或决策者制定相应有效的风险控制措施,具有非常重要的意义和作用。

再生水地下储存(再生水地下回灌)存在的问题和所引发的潜在风险不容忽视,主要包括地表渗滤区富营养化、堵塞、污染土壤和地下水乃至饮用水、危害公众健康等方面,见表 5-1。

表 5-1　再生水地下储存对人体健康和环境的危害途径与风险因子分析

地下储存模式	风险类型	暴露对象	暴露途径	风险因子
地表渗滤或土壤含水层处理	污染土壤和地下水,危害公众健康	居民	摄入	病原微生物、重金属、有毒有害有机物、硝酸盐、亚硝酸盐等
	结垢堵塞			藻类等微生物、颗粒物等
	水华			营养元素(富营养化)
井灌	污染土壤和地下水,危害公众健康	居民	摄入	病原微生物、重金属、有毒有害有机物、硝酸盐、亚硝酸盐等
	结垢堵塞			微生物、颗粒物、空气等

再生水回灌地下时,水中部分有毒物质、病原微生物可被土壤层截留,尽

管部分污染物可被土壤中的微生物降解,但仍有部分物质生物降解性差,具有在土壤层中累积并穿透土壤层污染地下水的风险。此外,土壤层难以去除水中的可吸附有机碘化物,从而导致这些污染物污染地下水,当经再生水地下储存后作为饮用水时,残留的有毒物质和病原微生物便可能通过摄入途径进入人体,从而引发潜在健康风险。再生水地表渗滤时,水中的氮磷营养物质可能引发渗滤区藻类大量生长、富营养化的风险。藻类将导致再生水 pH 值升高,水中碳酸钙生成,并与大量生长的藻类一起堵塞土壤。此外,藻类生长可生成藻毒素等有毒微生物产物,从而污染土壤和地下水。再生水地下储存时,可引起渗流速率下降,易产生结垢和堵塞,严重时可导致渗流并永久损坏。结垢和堵塞主要是由微生物、颗粒物、空气引起的,微生物结垢是由于再生水含有较多的有机物、氮磷等营养物质,易滋生藻类、细菌等微生物,从而堵塞渗流区土壤和渗流井孔洞,降低过滤流速。

综上,在再生水地下储存过程中,从再生水含有的污染物中选择风险因子,并针对风险因子开展风险分析可知,存在的主要健康风险是人体健康危害风险和环境健康危害风险,分别源于误饮危害健康的地下水和污染地下水环境。

5.1.2　健康风险评价的基本方法

5.1.2.1　国内外研究进展

早在 20 世纪 30 年代就已经开始了对职业暴露的流行病学和动物试验剂量反应关系的研究,但健康风险评价的历史并不长,在 20 世纪 70 年代才逐渐兴起,以美国为主的一些发达国家在这方面开展了大量的研究,其主要特点是把环境污染与人体健康联系起来,定量描述环境污染对人体健康产生的危害风险。

在 20 世纪 30—60 年代,风险评价刚刚起步,此时的风险评价研究主要以定性分析为主,采用毒物鉴定的方法评价健康影响,60 年代以后,毒理学家才开发了一些定量分析方法对低浓度暴露条件下的健康风险进行评价。到 20 世纪 70—80 年代,健康风险评价体系逐渐形成。1983 年,美国国家科学院(Natical Academy of Sciences, NAS)出版了红皮书《联邦政府的风险评价:管理程序》,报告中首次提出了风险评价"四步法",包括风险识别、暴露评价、剂量反应关系和风险表征四个部分,这成为环境风险评价的指导性文件,风险评价的基本框架已经形成。随后,美国国家环境保护局又根据这一红皮书制定并颁布了一系列的技术性文件、准则和指南等,如 1986 年发布的《健康风险评价导则》和《超级基金场地健康评价手册》,1988 年颁布的《内吸毒物的健康评价指南》《男女生殖性能风险评价指南》等。从 20 世纪 90 年代至今,风险评价技术体系不断发展、丰富和完善。美国对 20 世纪 80 年代出台的评价技术指南进行了修订和补充,并颁布了一些新的手册和指南。1991 年,美国和以色列联合召开的污水回用会议提出,应采用定量风险评价(quantitative risk assessment)的方法来指导再生水水质标准的制定。近年来,利用风险评价技术对城市污水再生利用的人体健康风险进行评价又成为新的研究领域。美国加州和佛罗里达州进行过二级生化出水人工地下回灌后取出的再生水的健康风险评价,评价内容各不相同,有的评价再生水的化学特征,有的进行再生水的毒理学试验,有的针对饮用再生水人群的流行病学进行研究。迄今为止,最大规模的风险评价是加州每年进行的评价"使用人工回灌再生水与健康",研究结果促使了加州地下水回灌标准及相关法规的出台。1992 年版的《暴露评价指南》取代了 1986 年的版本,对暴露评价中涉及的基本概念、设计方案、资料收集和监测、估算暴露量、评估不确定性和暴露表征等方面提供了详细的说明,此时风险评价的科学体系基本形成。风险评价也在世界范围内得到承认并广泛应用,同时,生态风险评价也开始成为新的研究热点。

我国风险评价的研究起步相对较晚,始于 20 世纪 90 年代,主要是以介绍和应用国外的研究成果为主。1990 年,我国开始在核工业系统开展环境健康风险评价研究;1997 年,国家科学技术委员会列入国家攻关计划研究燃煤大气污染对人体健康的危害。曾光明等以河北保定市环境质量监测数据为例,开展了水环境健康风险评价研究。仇付国等以西安某再生水厂出水为研究对象,利用微生物健康风险评价的方法对再生水用于绿化、农田灌溉、景观娱乐用途时肠道病毒的感染风险进行了评价。清华大学核能技术研究院与北京排水集团公司合作进行了二级生化出水深度处理后地下回灌的研究,以活性炭吸附处理后出水为例,对饮用水回用的健康风险进行了估算,结果表明再生水回灌于地下含水层经进一步净化后与天然地下水混合后再抽取出来作为饮用水回用时,其健康风险在完全可以接受的范围内。马进军等对再生水回用于景观瀑布的健康风险进行研究,发现景观瀑布对周围空气总挥发性有机物(TVOCs)含量的影响不容忽视,存在一定的健康风险。目前这方面的研究正在逐步展开,但是由于我国有关居民暴露参数等基础数据积累有限,健康风险评价资料的收集及参数的确定还存在诸多困难和问题,有时需要借鉴和引用国外的资料。

5.1.2.2　健康风险评价的基本方法

目前,国际上普遍采用的方法是 1983 年美国国家科学院(NAS)提出的针对有毒有害化学物质的健康风险评价"四步法",包括风险识别、暴露评价、剂量反应关系及风险表征。传统的健康风险评价主要是进行单值点计算的确定性评价,为了解决再生水回用对人体健康风险影响的不确定性,利用 Logistic混沌系统方法来产生可靠、简单、高效的随机数,进而改进传统蒙特卡罗方法中利用线性同余产生随机数的方法,以提高随机数输入的可靠性程度,最终提出了一种基于改进蒙特卡罗算法的再生水回用健康风险评价方法。风险识别主要是对风险源的性质及强度进行定性评价;暴露评价是对人群暴露于环境介质中有害因子的强度、频率、时间进行测量、估算或预测的过程,是进行风险评价的定量依据;剂量反应关系是指暴露所导致的健康或生态系统影响的因果关系;而风险表征就是给出有害结果发生的概率。

1. 风险识别(hazard identification)

确定影响人体健康的风险源、风险因子、风险的主要承担者(评价对象、评价对象对风险因子的暴露途径)等。再生水的风险因子包括化学污染物和病原微生物两大类,通过对再生水水质的测定,并结合毒理学和病理学的数据资料,可确定健康风险评价的目标污染物。

2. 暴露评价(exposure assessment)

在健康风险评价中,暴露是指人体暴露在环境中对某种有害因素的接触和吸收。结合具体事件和具体暴露人群的情况,调查研究暴露过程、暴露人群的特征,确定暴露环境介质中有害因子的强度、暴露时间和频率,估算或预测对有害因子的暴露剂量。

在再生水利用的过程中,回用用途不同,敏感暴露人群及其暴露方式都存在较大差异。典型的暴露途径主要包括经口摄入、呼吸吸入和皮肤接触渗入等。通过现场调查,可确定健康风险评价对象及其暴露途径。

化学污染物和病原微生物的暴露剂量可根据再生水中污染物的浓度和再生水暴露量来确定。风险因子暴露剂量和再生水暴露量的确定:一是采用直接测定的方法;二是根据风险因子的排放浓度、迁移转化规律、环境因素、暴露人群的生理特征等参数,通过适当的数学模型进行估算。在实际健康风险评价工作中,采用直接测定的方法比较困难,测定的结果也不稳定。通常,需要根据已确定的目标污染物、评价对象和暴露方式,选择合适的暴露剂量计算方法。目前关于不同暴露途径的再生水暴露量的计算方法还不够系统,已有研究成果的准确性也有待进一步验证,暴露剂量计算方法的建立与完善是定量风险评价中的研究重点。

3. 剂量反应关系(dose-response assessment)

剂量反应关系是对风险因子暴露剂量与其导致暴露人群发生不良效应概

率之间的关系进行的定量估算。在人体健康风险评价中,从流行病学调查中获得的剂量反应关系最为可靠和准确。但是,人群的暴露资料非常有限,在大多数情况下很难得到完整的人群暴露资料,在一般情况下是利用动物试验获得的资料,采用体重、体表面积外推法,将从动物试验得到的高剂量风险外推到人体经常接触的低剂量风险。可选择的外推模型有 Probit 模型、Logit 模型、Weibull 模型、Onehit 模型、Multi-hit 模型、Multistage 模型等,对于病原微生物,常用的剂量反应关系模型有指数模型和 Beta-Poisson 模型等。

4. 风险表征(risk characterisation)

风险表征是在综合前三项内容的基础上,估算暴露人群在不同接触条件下可能产生的某种健康危害效应的发生概率,并对其可靠程度或不确定性加以分析。对健康危害发生的概率及对人体健康的危害程度进行定量和定性描述。根据各种风险水平对应的可接受程度以及风险管理的目标,确定化学物质的风险评价标准最大可接受水平。

世界各国的一些组织机构根据风险管理的目标和各种风险水平对应的可接受程度,制定了相关的风险评价标准,一般最大可接受风险水平在 10^{-4} ~ 10^{-6}/a,可忽略风险水平在 10^{-7} ~ 10^{-8}/a。对于化学致癌物,国际辐射防护委员会(International Commission on Radiological Protection,ICRP)推荐以 $5×10^{-5}$/a 作为最大可接受风险水平;对于非致癌物化学污染物,英国皇家协会、瑞典环境保护局及荷兰建设环境部等推荐的最大可接受风险水平均为 $1×10^{-6}$/a。表 5-2 列出了一些组织机构对社会公众成员的最大可接受风险水平和可忽略风险水平的推荐值。

表 5-2　一些机构推荐的最大可接受水平和可忽略水平

机构	最大可接受风险水平/ (/a)	可忽略风险水平/ (/a)	备注
USEPA	$1×10^{-4}$		饮水途径微生物影响
瑞典环保局	$1×10^{-6}$		化学污染物
荷兰建设环保部	$1×10^{-6}$	$1×10^{-8}$	化学污染物
英国皇家协会	$1×10^{-6}$	$1×10^{-7}$	
IAEA		$5×10^{-7}$	辐射
ICRP	$5×10^{-5}$		辐射

注:IAEA,国际原子能机构。

ICRP,国际辐射防护委员会。

5.2　干旱区再生水地下储存的健康风险评价

5.2.1　再生水地下储存健康风险因子分析

再生水用于地下水回灌时,其水质及其回灌技术会影响地下水和含水层状态。参考其他国家关于再生水用于地下水回灌的水质检测项目,并根据我国目前执行的相关水质标准以及相关再生水用于地下回灌方面的研究与科研报告,再生水用于地下水回灌时,在水质达标并且灌溉技术安全的前提下,对人体健康的危害较小。但同时,由于补给地区水文地质条件、补给方式、补给目的不同,以及地下水补给的水质要求不同,其面临的风险也不同,很难制定统一的再生水补给地下水标准。此外,地下水也会被提取作为农田灌溉用水使用,水中病原微生物能够通过污染农作物对人体健康造成危害。我国已有城市由于不当排放污水和再生水,使浅层地下水受到严重污染并失去了饮用功能,一旦其被误当饮用水提取,也会对人体健康造成较严重的危害。

综合分析再生水利用于地下水回灌的各种风险,发现需重点关注两个方面的风险:第一,再生水直接回灌至饮用水层而被当作饮用水提取,导致误饮。第二,再生水对地下水环境的危害风险。由于地下水系复杂,水网错综联通,水系范围不易确定、不易观测,并且受到监测技术和相关认识的限制,一旦受到污染,治理与修复的难度非常大。

再生水的水源一般为城市污水处理厂的二级出水,因而含有大量化学物质和病原微生物,这些有害物质最终会随着再生水的回用经直接或间接途径与人体接触。近年来,国内外大量研究发现,常规污水处理工艺能够有效去除污水中绝大部分有机和无机污染物,但对于很多的有毒有害物质去除能力有限,如氮、磷等营养物质以及重金属、病原微生物、持久性有机污染物(POPs)、内分泌干扰物(EDCs)等特殊污染物。另外,在污水处理的各个环节中也难免会产生一些新的化学污染物。在再生水利用过程中,这些污染物会通过呼吸道、消化道及皮肤接触等途径暴露于人体,对人体健康构成潜在和慢性的健康危害;这些有害的污染物质也可能在环境中富集,最终通过生活饮用水、农产品、食物链等途径被人体摄入,对人体健康构成潜在危害。而在再生水地下储存过程中,再生水中的各种污染物逐渐在土壤中积累,达到一定浓度时就会造成土壤和作物污染,并在农产品中富集,通过食物链进入人体进而危害人体健康;再生水中的一些有机污染物在灌溉过程中很容易转移到地下水系中,造成地下水污染,最终通过生活饮用水威胁人体健康。再生水中对人体健康有影响的危害因子可分为化学污染物和病原微生物两大类。

5.2.2　再生水暴露剂量的确定

暴露评估是确定或估算(定量或定性)暴露剂量、暴露频率、暴露周期、暴露持续时间和暴露途径。Asano 等曾经对污水再生利用于不同途径的暴露剂量进行过粗略估计,这些估计值在之后的许多风险评价研究工作中被广泛采用,其中对再生水利用中地下水回灌用途的估计值为每天 1 次暴露频率,则人体每次暴露量为 1 000 mL。虽然这一些估计值具有一定的参考价值,但其准确性还有待进一步验证,而且该估计值忽略了许多重要影响因素,如没有考虑同一使用途径下不同的具体使用强度和暴露方式等问题。何星海等结合北京市再生水利用工程,建立了再生水用于公园绿化、道路降尘和冲洗作业时,职业人群和公众的暴露评价方法和评价模型,提出了再生水利用中暴露人群的再生水日摄入量和终生日均暴露剂量,这一方法为健康风险评价提供了定量依据,但是呼吸速率、皮肤接触面积、皮肤渗透系数等人体暴露参数需要结合文献资料和社会学调查来确定,且对于再生水用于地下回灌用途的人群暴露剂量则没有估算。

暴露参数是健康风险评价中的重要基础数据之一,是评价人体暴露剂量的重要因子,人体暴露参数往往通过查阅手册或文献确定。关于这方面的研究工作,美国开展的较多,USEPA 发布的《暴露参数手册》在世界范围内被健康风险评价的研究和管理人员广泛参考和引用,其内容框架也成为很多国家制定本国暴露参数手册时的重要参考。2017 年,我国编制了《中国人群暴露参数手册》系列,建立暴露参数数据库,为提高我国环境健康风险评价的准确性、推进国家构建环境与健康风险评估体系提供了有力的技术支持。

5.2.3　化学污染物的健康风险评价

污水和再生水中的化学污染物可分为无机污染物、有机污染物和放射性物质 3 类。常见的有机污染物包括常规的 BOD、COD 等,还包括微量有毒有害有机污染物,如持久性有机污染物(POPs)、内分泌干扰物(EDCs)、药品和个人护理用品(PPCPs)与纳米颗粒物(NPs)等,有可生物降解性的和难生物降解性的污染物。常见的无机污染物包括一般盐类(如 TDS 等),植物营养元素(如 N、P、K 等),还包括重金属。化学污染物一般可分为致癌物质和非致癌物质 2 类,对不同类别的化学污染物,风险评价的方法不尽相同。

5.2.3.1　致癌化学物质的健康风险评价

判断化学物质是否具有致癌性以及致癌性的强弱,主要依据是人类暴露于该物质与癌症发生关系的相关资料及动物试验研究成果。再生水中化学物质的浓度相对较低,属于低剂量暴露水平。对于这些致癌物质健康危害的风险评价实际上就是评价其在低剂量水平下的致癌风险。然而低剂量的致癌风险既无法根据人类流行病学的资料直接得到,也很难采用动物试验进行直接测定,通常是借助高剂量暴露水平下的资料,包括动物试验和流行病学调查,通过建立数学模型向低剂量暴露水平外推求得其健康风险。目前,已有的外推模型主要有对数正态模型、韦布(Weibull)模型、单击(one-hit)模型、多阶段(multistage)模型等,其中较为常用的是多阶段模型,各种外推模型的表达式如表 5-3 所示。

表 5-3　常用的致癌化学物质低剂量外推模型

模型	表达式	低剂量范围的曲线特征
对数正态模型	$P(D) = \dfrac{1}{\sigma \sqrt{2\pi}} \int_{-\infty}^{c} e^{\frac{z^2}{2}} \mathrm{d}Z$ $Z = \dfrac{\log D - \mu}{\sigma}$	超线性
韦布模型	$P(D) = 1 - e^{(-a+bD^m)}$	$m>1$ 时,次线性; $m=1$ 时,线性; $m<1$ 时,超线性
单击模型	$P(D) = 1 - e^{(-k_0 - k_1 D)}$	线性
多阶段模型	$P(D) = 1 - e^{\left(-\sum\limits_{i=0}^{n} k_i D_i\right)}$	$k_i>0$ 时,线性; $k_i=0$ 时,超线性

表 5-3 各式中,P 为暴露人群不良健康效应的发生概率;D 为暴露剂量;μ 和 σ 分别为 $\log D$ 的平均值和标准偏差;i 为阶段序号;其他为剂量反应关系曲线拟合系数。

以上外推模型在一定条件下能较好地拟合一些观察资料,但对致癌化学物质的低剂量暴露水平下的致癌风险进行预测时仍可能存在较大偏差。由于致癌过程本身是一种极其复杂的生理生化过程,这些过程的机制人们还没有完全掌握,很难用相对简化的数学模型将其全面准确地表达出来,所以迄今为止也没有一种公认的最适于预测低剂量暴露水平致癌风险的外推模型。然而,为了对人体健康受危害的可能性进行预测分析,利用数学模型确定化学污染物的剂量反应关系十分必要。

对致癌化学物质的健康风险进行评价时,若考虑背景环境的癌症发生率,常用的风险表征方法有增量风险和超额风险两种。

增量风险(add risk,AR):

$$AR = P_i - P_0 \qquad (5\text{-}1)$$

超额风险(extra risk,ER):

$$ER = \frac{P_i - P_0}{1 - P_0} \qquad (5\text{-}2)$$

式(5-1)和式(5-2)中,P_i 为某一暴露剂量下的致病风险;P_0 为暴露剂量为 0 时由背景环境导致的致癌风险。

5.2.3.2　非致癌化学物质的健康风险评价

目前,对于非致癌化学物质健康危害的评价方法,通常将其看作一种有阈效应,即存在一个参考剂量,认为当暴露剂量低于参考剂量时不会发生健康危害,而高于参考剂量时则人体健康会受到不良影响。此外,非致癌化学物质剂量与效应之间的关系不仅表现在发生概率方面,还表现在严重程度上。

参考剂量(reference dose,RfD)就是某种化学物质在人一生的暴露时间(平均寿命)内,通过口服途径进入人体内且不会对人体健康造成不利影响的最高剂量,相对应的通过呼吸吸入途径进入人体的剂量称作参考浓度(reference concentration,RfC)。参考剂量是一个不确定的量,当从风险评价或风险管理的角度来分析,可以假设参考剂量暴露水平下所对应的健康风险为 10^{-6},即个体终生暴露剂量为参考剂量时发生某种健康危害的概率为 10^{-6}。这样就将暴露剂量和健康风险直接联系起来,用于评价非致癌化学物质的健康风险,即有:

$$P = \frac{\text{LADD}}{\text{RfD}} \times 10^{-6} \qquad (5\text{-}3)$$

式中:P 为发生某种健康危害的终生风险;LADD 为非致癌化学物质的终生日均暴露剂量,mg/(kg·d);RfD 为该化学物质的参考剂量,mg/(kg·d)。

在现实中,人往往是暴露于多种化学污染物中,不同化学污染物之间可能存在协同或拮抗作用,不同躯体毒物质的毒性终点也可能不同,因而不同毒害物质之间的相互关系是极为复杂的,这一问题在目前的认识与研究水平下还难以定量描述。当环境中(再生水)的多种有毒物质共同作用于人体时,一般是将各种化学污染物所导致的健康风险总和作为人体健康危害的总风险,忽略不同物质间的相互作用以及毒性终点的不同。

5.2.4　病原微生物的健康风险评价

污水与再生水中存在数目繁多、数量巨大的病原微生物,在常规的一级、二级、深度处理中,病原微生物只能被部分去除,难以达到较高的水质要求,因而这成为再生水利用的主要风险。再生水中的微生物包括致病性微生物和非致病性微生物,引起疾病的微生物种类繁多,总称为病原微生物,它是引起水传播疾病爆发的根源,主要分为病毒、细菌、原生动物和寄生虫 4 类。

对于病原微生物的健康风险评价,首先是对再生水中影响人体健康的病原微生物进行鉴定分类,识别可能对人体有害的主要病原微生物种类。通过试验测定或利用指示微生物或预测模型对病原微生物的浓度和数量进行估计,从而确定其暴露剂量。其次是通过剂量反应关系,对其可能导致暴露人群生病的概率进行预测。剂量反应关系是通过大量实际致病案例的病原微生物检验数据,或在实际人体或动物试验的基础上,建立起来的暴露剂量与致病概率之间的定量关系。常用的病原微生物剂量反应关系模型有指数模型和 Beta-Poisson 模型。

指数模型为:

$$P_i = 1 - e^{-\frac{N}{\beta}} \tag{5-4}$$

式中:P_i 为致病风险,无量纲;N 为暴露剂量,个;β 为剂量反应关系因子,个$^{-1}$。

Beta-Poisson 模型为:

$$P_i = 1 - \left[1 + \frac{N}{N_{50}}(2^{\frac{1}{\alpha}} - 1) \right]^{-\alpha} \tag{5-5}$$

式中:P_i 为致病风险,无量纲;N 为暴露剂量,个;N_{50} 为暴露人群 50% 被感染剂量,个;α 为剂量反应关系因子,无量纲。

根据病原微生物的种类对以上两个模型进行选择。有报道列出了一些病原微生物的适用模型及其剂量反应关系因子。

最后,对病原微生物的致病概率以及所得概率的可靠度给予估算和分析,并进行统计描述,通常用 USEPA 提出的万分之一风险,即 1 年 1 万个人中有 1 人感染,作为可以接受的最高风险。

总之,目前较为可行的方法就是针对具体的再生水水质、具体的再生水利用方式以及具体的暴露情景进行定量的健康风险评价。

5.3　干旱区再生水地下储存的健康风险控制

5.3.1　健康风险控制的主要因素

在再生水地下储存过程中,健康风险主要是指环境健康风险与人体健康风险,引起这些风险的主要因素就是再生水水质安全性及其保障技术。随着再生水利用实践和科学研究的不断深入,一些新的水质风险因子和问题不断被发现,给再生水水质保障提出了更高的要求和新的课题。

5.3.2　健康风险控制的对策与措施

5.3.2.1　构建再生水水质评价指标体系与方法

建立再生水地下储存的水质评价指标体系与方法,包括再生水常规物理化学指标、生物学指标及特征污染物指标的综合评价,再生水微量有毒有害化学污染物的综合评价,再生水生物毒性指标与检测方法,再生水生态毒性效应指标,污染物对生态基本功能的影响研究,有毒有害污染物对微生物个体或种群水平、群体结构影响评价方法,病原微生物安全评价指标和检测方法等。

5.3.2.2　研发再生水水质控制与安全保障技术

要加大力度控制再生水水源及再生水厂处理工艺的可靠性,建立完善的再生水回用的水质安全保障体系,采取科学、有效的技术手段和监管措施,切实保障再生水的安全利用。一方面,在目前再生水厂处理水质不稳定或不完全达标的情况下,研究水温、碳源、膜组件的过滤、截留能力、工艺运行方式等各种因素对强化和稳定出水水质的影响,通过提标改造提高污水处理能力,确保出水水质稳定达标,最终提高城市再生水利用率。另一方面,再生水安全消毒技术、有毒有害物质控制技术、再生水氮磷深度去除技术等是再生水处理系统保障再生水水质安全的重要技术发展需求,需要在这些方面开展深入系统的研究。

再生水消毒有其自身的技术特点和要求,对微生物杀灭作用和规律与饮用水消毒相比存在明显差别,因此系统深入开展再生水消毒技术与工艺的安全性研究是再生水处理领域的重要课题。随着新型病原微生物的不断出现,尤其是高风险病原病毒的流行,给再生水利用的安全保障提出了更高的要求,现有的单一消毒技术已不能满足高风险病原微生物和抗性病原微生物的控制,通过优势互补的组合消毒工艺对病原微生物的联合控制技术有待进一步研究。再生水在氯消毒过程中常产生有毒有害消毒副产物,造成一定的水质风险,因而解决病原微生物灭活与消毒副产物生成的矛盾也是再生水消毒技术实践中面临的重要问题之一,针对高毒性副产物的控制技术也有待深入研究。再生水有毒有害物质组成也十分复杂,仅对特定有毒有害化学物质进行评价与去除,难以有效保障再生水水质安全,以综合生物毒性削减为目标的再生水处理技术研究有待加强,只有通过优势互补的组合处理工艺才能有效控制再生水中的有毒有害物质。

5.3.2.3　建立再生水地下储存的风险评价体系

暴露评价是风险评价的关键环节,科学准确地计算健康风险因子的暴露剂量是再生水利用健康风险评价的重要前提。针对再生水地下储存(地下回灌)途径的暴露评价技术研究尚未开展,相关的暴露剂量和风险强度还不清楚,这将是今后需要重点研究的课题之一。另外,如何控制再生水地下储存的风险,还迫切需要建立再生水地下储存过程中的健康风险评价程序和模型体系,并开展长期的风险评价与跟踪,通过健康风险评价来确定再生水中污染物的主次、监测的优先权以及风险控制目标,为再生水的安全保障技术及再生水水质标准提供科学支持和决策依据,从而形成再生水大规模应用中的水质安全保障体系,确保用户的安全健康,消除病原体污染和传播的可能性。

我国有关风险评价方面的研究仍处在起步阶段,对于再生水回用对人体健康和生态环境的风险评价尚未形成体系,评价方法以借鉴国外成果为主,风险评价的应用严重滞后。因此,如何表征再生水中各污染物的风险大小,建立各污染物的风险评价指标体系及其对人体健康损害的预警机制,降低再生水回用过程中的生态和健康风险,成为今后风险评价研究的一个重要课题。

5.3.2.4　制定科学的再生水水质标准

自 2002 年以来,我国制定、颁布的污水和再生水利用水质的各类标准,为促进再生水利用起到了积极的推动作用,但在实施过程中也存在诸多问题。目前,我国执行的再生水补给地下水水质标准中缺失部分控制指标项目,随着新型污染物的产生,相应的水质指标也未做要求;同时,对各控制指标的监测要求偏低、监测频次偏少,极大增加了再生水利用及地下水回灌的生态风险与环境健康风险。因此,建议根据环境污染源变化,对现行的再生水利用及地下水回灌水质标准进行修正,增加对生态与健康风险较大的控制项目、提高各控制项目的监测频率,以便为再生水安全利用、区域环境管理与生态保护提供有效的技术依据。我国的再生水标准大部分为推荐标准,为保证公共健康安全和生态安全,建议设定为强制性标准。

总之,再生水地下储存是一项复杂的系统工程,必须建立完善的水质监控和保障体系,加强再生水地下储存的风险评价与控制技术,以确保有效减缓再生水利用的健康风险和生态风险。

参考文献

[1] 董建,郭裕中. 环境危害评价[M]. 北京:北京原子能出版社,1994.

[2] 仇付国. 城市污水再生利用健康风险评价理论与方法研究[D]. 西安:西安建筑科技大学,2004.

[3] Drewes J E, Jekel M. Behavior of DOC and AOX using advanced treated wastewater for groundwater recharge [J]. Water Research, 1998, 32(10):3125-3133.

[4] 曾向辉,杨珏,王春,等. 再生水利用的主要风险及其规避措施[J]. 水利发展研究, 2015, 15(2):8-12.

[5] U. S. National Research Council. Risk assessment in the federal government: Nadine the process [M]. Washington, D. C. : National Academy Press, 1983.

[6] T. Asano, A. J. Cotruvo. Groundwater recharge with reclaimed municipal wastewater: health and regulatory considerations [J]. Water Reserech, 2004, 38: 1941-1951.

[7] USEPA. The risk assessment guidelines of 1986. EPA Report no. EPA/ 600/18287/045, Washington, D. C.

[8] E. B. Hu, L. T. Penh, Y. S. Lu,et al. Operative technology and method in environmental assessment [M]. Beijing: China Environmental Science Press, 2000.

[9] 王丽娜. 城市污水再生用于地下水回灌及健康风险评价[D]. 哈尔滨:哈尔滨工业大学,2006.

[10] G. M. Zeng, L. Zhuo, L. S. Zhong, et al. Assessment models for water environmental health risk analysis [J]. Hydro Electric Energy, 1997, 15(4): 282-321.

[11] 仇付国,王晓昌. 城市回用污水中病毒对人体健康风险的评价[J]. 环境与健康杂志,2003, 20(4): 197-199.

[12] 云桂春,皮运正,胡俊. 浅谈再生污水地下回灌的健康危害风险[J]. 给水排水, 2004, 30(4): 7-10.

[13] 马进军,米宏亮,赵三平,等. 某再生水景观瀑布的挥发性有机物健康风险评价[J]. 环境与健康杂志,2008, 25(7): 604-608.

[14] 张建龙,解建仓,汪妮,等. 再生水回用的改进健康风险评价及土壤承载能力研究 [J]. 水土保持学报,2010, 24(2): 192-196.

[15] 王晨晨. 再生水中化学污染物的人体健康风险评价[D]. 天津:天津大学,2010.

[16] 师荣光,刘凤枝,赵玉杰,等.中国城市再生水安全回用农业的对策研究[J]. 中国农业科学,2008,41(8):2355-2361.

[17] Asano, Leong L Y C, Rigby M G,et al. Evaluation of the California wastewater reclama-

tion criteria using enteric virus monitoring data [J]. Water Science and Technology,1992, 36(16):1513-1524.

[18] 何星海,马世豪,李安定,等.再生水利用暴露评价[J].环境科学,2006,27(9):1912- 1915.

[19] 杨昱,廉新颖,马志飞,等.再生水回灌地下水环境安全风险评价技术方法研究[J]. 生态环境学报,2014,23(11):1806-1813.

[20] Baquero F, Martinez J L, Canton R. Antibiotic and antibioticresistance in water environ- ments [J]. Current Opinion in Biotechnology, 2008, 19(3): 260-265.

[21] WHO. Water quality guidelines, standards and health: Assessment of risk and risk man- agement for water-related infectious disease [M]. IWA Publishing,2001.

第6章　再生水地下储存生态风险研究

6.1　再生水地下储存的潜在生态风险及其评价方法

6.1.1　概述

生态系统及其组分所承受的风险称为生态风险,是指在一定区域内,具有不确定性的事故或灾害对生态系统及其组分可能产生的不利作用。这些作用最终可能导致生态系统结构与功能的损害,进而危及生态系统的健康与安全。在再生水地下储存过程中,对土壤生态、地表水和地下水生态系统均可能造成影响。

在再生水长期利用过程中,重金属、持久性有机物等化学污染物会在土壤、河湖底泥等环境中积累,病原微生物及其携带的有害基因在环境中传播扩增,这些过程都将对自然生态系统中原有生物的生长繁殖造成影响甚至破坏,从而产生生态风险。

再生水地下储存、地表渗滤或再生水用于土地灌溉时,再生水中的化学污染物和病原微生物会进入土壤,从而可能对土壤造成污染,进而对植物以及土壤中原有的微生物生态系统等造成影响和破坏。由于再生水的溶解性固体在再生处理过程中难以被去除,再生水中往往含有较高浓度的溶解性固体,从而含有较高的盐度和碱度,严重影响植物生长。再生水中含有多种微量元素,若其浓度较高或长期渗滤和灌溉,微量元素积累于土壤,可能会表现出植物毒性从而危害植物;若农作物可食部分积累微量元素,还存在对人和动物产生危害的风险。目前,利用再生水灌溉对生态影响的研究主要考虑的是植物,或涉及以这些植物为食物的人和牲畜,对土壤中微生物受再生水污染物影响变化的研究比较有限。

再生水地下储存对地下水的影响可以通过两种途径实现:一是再生水地表渗滤或用于土地灌溉,污染物随水分渗滤进入地下水含水层;二是再生水直接回灌于地下含水层。再生水中的化学污染物、微量有毒有害污染物不仅影响地下水水质,还可能随地下水迁移转化,进入地表水体,又对水生态造成危害。

再生水中的生物可能引起的生态风险包括生物水平和基因水平两个层面。病原微生物进入自然环境,并可能在某些局部环境中进行大量生长繁殖,传播疾病,从而对原有生态环境和生态系统造成影响。再生水处理工艺中常通过消毒环节对病原微生物进行灭活和控制,但其所携带的有害基因,如抗生素抗性基因、致病基因等,仍可能较完整地保存下来,最终进入环境。在再生水地下储存过程中,这些有害基因有可能会在土壤、地下水和地表水等环境中发生物种间的水平迁移,使得自然环境中更多的微生物具有抗生素抗性或致病等性状,从而带来生态风险。

6.1.2　生态风险评价的基本方法

6.1.2.1　国内外研究进展

生态风险评价(ecological risk assessment, ERA),是对产生不利的生态效应的可能性进行评价的过程,是环境风险评价的重要组成部分。生态风险评价是近 20 年逐渐兴起的研究领域,其方法体系是在健康风险评价的基础上发展起来的。20 世纪 90 年代初,美国科学家 Joshua Lipton 等提出环境风险的最终受体不仅仅是人体,还应包括生态系统的各个组建水平。1990 年,USEPA 风险评价专题会正式提出生态风险评价的概念,并讨论将人体健康风险评价的方法引入生态风险评价。1992 年,USEPA 发表了生态风险评价工作框架,又于 1998 年公布了生态风险评价导则,对工作框架进行了补充和完善,并提出了包含问题形成、分析和风险表征三部分的生态风险评价“三步法”,同时要求在正式的科学评价前要制定总体规划,以明确评价目的。

我国的生态风险评价研究起步较晚,从 20 世纪 90 年代以来,我国学者参照国外生态风险评价的研究成果和方法,对水环境生态风险评价和区域生态风险评价等领域基础理论和技术方法做了一定的研究和探讨,但目前还没有较权威的生态风险评价技术导则等技术性文件。目前,我国生态风险评价大多以污染物作为主要风险源来考虑对生态系统及其组分的影响。

6.1.2.2　生态风险评价的基本方法

1. 问题形成

建立生态风险评价的目标,确定存在的问题,并制定数据分析和风险表征的计划。这是对生态风险为什么会发生或可能发生的假设进行分析评价的过程,也是整个生态风险评价的基础。

首先,是评价信息的收集。收集综合有效的信息,包括风险源及其性质、暴露情况、潜在生态风险的性质和生态学效应等。当关键信息充足、适当且被较好地综合利用时,问题的形成将会有效地进行。

其次,是评价终点的确定。评价终点,即保护的目标和对象,是要保护的实体环境价值的明确表征。评价终点对风险管理决策的支持取决于它们如何表征生态系统的可测度特性,而这些特性充分代表了生态风险管理的目标。评价终点选择的三个主要标准是:生态相关性、对已知或潜在压力的敏感性以及与管理目标的关联性。定义评价终点两个必需的要素是:有价值的生态要素、需要保护对象和潜在风险的特征要素。明确定义了评价终点,可以使生态风险评价有一个确切的边界,可降低不确定性。表 6-1 列出了在不同水平上进行生态风险评价时一些可能选择的评价终点。

表 6-1　生态风险评价中可能的评价终点

评价水平	评价终点
个体水平	行为变化、生理反应变化、血液化学变化、生长下降、对病原体敏感增加、组织生理变化、酶的抑制和诱导、特殊蛋白活性、死亡
种群水平	生物量下降、死亡率增加、生物后备群下降、患病易感性增加、繁殖损伤、生长速度下降、种群分布、产量降低
群落水平	初级生产力下降、第二生产力下降、物种多样性下降、优势种/衰退种、水华增加、食物网多样性下降
生态系统水平	种群多样性下降、营养物质循环改变、代谢率降低

再次,模型的选择。采用语言模型或图解模型等概念模型对生态风险评价过程进行简化定性描述。概念模型是问题形成阶段关于生态完整性及其所暴露压力之间关系的书面描述和形象表示,可表现为多种关系,包括影响受体响应或暴露情况的生态过程。概念模型由两个基本内容组成:一个描述预测的压力、暴露和评价终点的合理关系的风险假定;另一个表示风险假定中各种关系的框图。概念模型中如果遗漏重要的功能关系或者定位不够准确,都可能造成风险表征阶段对风险估计得过高或过低。

最后,分析计划。判断如何使用数据来评估风险假设,包括评估设计、所需数据和问题分析阶段所用方法的步骤等。选择那些假设中认为可能对风险有贡献的因素作为目标,选择的基本原则包括数据的缺失和不确定性,当需要获取新数据时,要考虑到获取这些数据的可行性。如果数据有限且新数据不易收集,可利用已有数据进行外推,外推时可以使用存在相似问题的其他场所或生物的数据。但对数据来源的鉴定、外推方法的证明用不确定性的讨论非常重要。

2. 问题分析

问题分析包括暴露表征和生态效应表征两个过程,以及两者相互之间和它们与生态系统特征之间关系的过程。暴露表征,一方面是对污染物质进入环境后的迁移转化过程及其在不同环境介质中的分布进行分析,另一方面是要掌握受体的暴露途径、暴露频率、暴露时间和暴露剂量。其目的是识别出受体,描述污染物质从源到受体的过程,描述接触或共存的强度及时间空间的范围,还要对暴露估计的可变性和不确定性的影响因素进行分析描述。

生态效应表征就是描述压力所引发的效应,把效应和评价终点联系起来,并评估生态效应在不同压力水平下的变化。生态效应表征是要通过评价效应数据来分析所引起的生态效应,确认它们与评价终点一致,且它们发生的条件与概念模型一致。当某种生态效应被识别出来时,便要进行生态响应分析,评估效应随不同压力水平变化的程度,然后将效应与评价终点联系起来。生态效应表征一般是先进行毒理试验以确定在不同暴露浓度和暴露时间情况下生态学指标所受的影响,再根据试验结果建立统计模型或数学模型,最后用模型模拟生态终点对风险源暴露强度的响应水平。在缺乏数据的情况下,常采用定量结构活性关系的方法来进行合理的预测。

3. 生态风险表征

生态风险表征是暴露表征和生态效应表征的综合,表示污染物质对生物个体、种群、群落或生态系统是否存在不利影响,判断和表达这种不利影响出现的可能性大小,对生态风险给出定性或定量表示。风险估计是综合暴露和效应数据,评估任何有关联的不确定性的过程。该过程要使用根据分析计划制订的暴露和压力-响应框架。风险表征可分为定性风险表征和定量风险表征两种,定量风险表征最基本的方法是通过比较环境暴露浓度和表示物质危害程度的毒性数据来计算风险商,称为商值法。而风险本身是一种可能性或者概率,不论暴露还是效应都具有不确定性和变异性。因此,商值法多用于较保守的、筛选级的或作为前期低层次的风险评价,而高水平的风险评价方法一般采用概率模型,常用的概率风险评价方法包括阈值法、基于 Monte Carlo 模拟的商值概率分布法、概率曲线面积重叠法和联合概率曲线边界法等。

6.2　干旱区再生水地下储存的生态风险评价

6.2.1　土壤、地下水盐化风险

由于经济、技术等原因,再生水中仍然含有较高的盐分、重金属、有机污染物以及丰富的氮元素和致病微生物等,这些物质会随着灌溉进入土壤-植被系统中,有可能对土壤、植物生态系统产生危害,污染地下水,进而危害人体健康。因此,国内外针对再生水回灌下盐分、重金属、有机污染物、氮素、病原微生物等的潜在风险进行了相关研究,研究发现在再生水回灌下土壤和地下水具有较大的盐化风险,尤其是在长期回灌下,土壤中盐分的累积会影响土壤性质及植物生长,地下水中的含盐量也有增加的趋势;回灌场地土壤、地下水受重金属污染的风险较小;新型有机污染物对土壤及地下水的影响有待进一步研究;氮的污染主要是导致土壤中营养元素失衡,以及地下水中硝态氮含量增加。目前的研究表明病原微生物对土壤、地下水污染的风险较小,但仍需进一步的研究。

再生水与饮用水相比,再生水最明显的特征就是含盐量较高。据水质资料显示,乌鲁木齐再生水硫酸盐含量年均值为 324.60 mg/L,氯化物含量年均值为 217.23 mg/L,从水质资料可以看出再生水水质含盐量相对较高。因而,再生水回灌导致土壤盐渍化及地下水盐化的风险广受关注。

再生水中较高的盐分会随着再生水回灌进入土壤-潜水含水层系统中,有可能对土壤产生危害,污染地下水,从而危害到人体健康。再生水回灌下土壤中盐分的累积受到土壤性质和气候条件等因素的影响,因此不同的条件下土壤盐分累积的程度并不相同。研究区地处大陆性干旱气候,降水稀少,蒸发强烈,导致研究区土壤中的盐分在日积月累的过程中,盐分含量也有所增加,当再生水回灌时,再生水入渗至地下水中时,土壤中的部分盐分会经过吸附、离子交换等作用留在土壤中,导致土壤中的盐分有所增加,再通过强烈蒸发等作用使土壤中的盐分含量在土壤表层累积,在长期再生水回灌下土壤会出现一定程度的盐渍化,土壤中较多的盐分会随着多余的水入渗至下层土壤,进而进入到地下水中,导致地下水中的盐分含量升高,增加了地下水盐化的风险,但是由于回灌的再生水水质、地理条件等不同,地下水盐化的程度也不同。此外,有研究发现土壤中盐分含量较多时还会影响植物的正常生长;还有研究发现再生水中 Na⁺ 含量较高时,再生水中的 Na⁺ 会通过阳离子交换作用置换出土壤中的 Ca²⁺、Mg²⁺ 等二价离子,从而引起土壤板结,导致土壤的渗透性能下降、土壤孔隙度减小,从而减小土壤滞留营养元素的能力,最终使土壤肥力下降。

总之,由于再生水中盐分相对较高,盐分始终是其潜在的风险因素,长期利用再生水进行回灌,尤其是在蒸发较大、降雨较少、排水不良的地区可能会使土壤盐分不断累积,导致土壤出现次生盐碱化,也可能导致地下水盐度升高,因而需要科学的风险管理措施。

在长期再生水回灌时,有必要运用 DRASTIC 等经验模型或 HYDRUS、ENVIRO-GRO 等动态模型对地下水污染进行脆弱性评估,以确保地下水安全。

6.2.2　氮素污染风险

再生水中含有丰富的植物生长所需的氮、磷、钾等营养元素及有机质,合理利用再生水回灌地下水,再生水中的氮、磷、钾等营养元素及有机质有一部分会留在土壤中,能提高土壤肥力,促进植物的生长,也能减少肥料的施用量,但是若再生水中氮含量过高,在土壤中逐渐积累,会导致植物的氮、磷、钾等营养失衡,使植物非果实部分疯狂生长,果实产量下降,降低农作物质量。再生水长期回灌下由于淋溶作用造成的潜水(浅层地下水)硝态氮污染也广受关注。在再生水回灌下,一方面,随着土壤中硝态氮含量的增加以及溶解氧的下降,其反硝化作用会增强,可以减少土壤中氮元素渗漏污染地下水;另一方面,土壤中盐分的累积可以降低作物吸水和氮素吸收,进而增加土壤氮素的淋溶,导致地下水受到氮元素污染。国外的一些研究也表明,再生水回灌可能导致地下水氮元素含量有所增加,这是因为再生水中的氨氮在回灌的过程中,会被表层土壤吸附和转化,同时在再生水回灌之后,包气带中的溶解氧也随着升高,在微生物作用及消化作用下使得硝态氮的含量逐渐升高,同时干旱期越长,硝态氮的含量越高,从而导致地下水中氮素含量也随之升高。

总体上,再生水中氮素进入土壤后在各种驱动力作用下不断转化,虽然现有的研究显示因再生水灌溉导致地下水氮污染的可能性较低,但在长期再生水回灌下,依然存在硝态氮污染地下水的风险。

6.2.3　病原微生物污染风险

再生水中含有多种病原微生物,包括细菌、原生动物类、寄生虫和病毒等,其中,有些病原微生物的存活能力较强,在土壤层中并不能完全去除,能够随着再生水回灌进入地下水,进而影响地下水水质。有研究发现,再生水中的病原微生物对地下水水质的影响与再生水中微生物浓度、土壤温度、土壤类型、微生物种类等有关。

再生水与饮用水相比,一个最明显的特征就是再生水中含有多种病原微生物(包括细菌、原生动物类、寄生虫和病毒等),再生水中的病原微生物可能会到达地下水,威胁到饮水安全。目前,国内外对于再生水回灌病原微生物的污染研究较少,主要集中在大肠杆菌的研究,大多数研究发现大肠杆菌主要集中在土壤表层,且存活时间不长,因此地下水受到大肠杆菌污染的风险较小;但是对于一些存活能力和迁移能力较强的病原微生物,例如贾第鞭毛虫、沙门菌等,它们在地下水中被监测到,只是数量很小。有研究显示加利福尼亚州利用在再生水回灌地下水工程中,病原微生物是其首要关注对象。

6.2.4　有机物污染风险

再生水经过处理后,水体中还是含有一部分溶解性的有机质,溶解性有机质随着再生水回灌后,经包气带中有机质、黏土矿物的吸附作用、离子交换反应、微生物降解等作用后迁移转化至地下水中,从而污染地下水。因此,再生水中溶解性有机质一直是国内外对地下水回灌研究的热点和重点。

6.2.5　新型污染物风险

污水中的消毒副产物(DBPs)、内分泌干扰物(EDCs)、药物及个人护理用品(PPCPs)、持久性有机污染物(POPs)等微量有机污染物在污水常规处理工艺中并不能被有效地去除,在再生水回灌地下含水层的过程中,这些污染物会逐渐进入到地下水中并污染地下水,同时进入到地下水中的新型溶解性有机污染物在含水层中的生物化学作用下会自然衰减,但是随着地下水逐渐被利用,地下含水层中微量有机污染物依然可能对人体健康带来风险。

6.2.6　地下水流场改变

在再生水回灌前,地下水处于一个稳定的地下水流场,随着再生水的回灌,潜水水位和地下水系统边界逐渐发生变化,从而导致地下水流场也随之变化。

6.3　干旱区再生水地下储存的生态风险控制

6.3.1　生态风险控制的主要因素

在再生水地下储存过程中,生态风险主要涉及土壤、地下水盐化、氮素污染、病原微生物污染等风险,因此控制再生水回灌生态风险的因素主要是控制再生水水质。除此之外,选择一个适合的地下水回灌场地也是控制再生水回灌生态风险的一个重要因素。

6.3.2　生态风险控制的对策与措施

(1)完善相关水质标准。我国对于回灌地下水的再生水水质和监测要求与世界其他国家相比偏低。我国对地下水回灌水质监测项目分为基本控制项目和选择控制项目,对人体健康影响极大的有机污染物(如农药和重金属)虽列入控制项目,但只作为选择控制项目,监测要求为半年1次。这将加大回灌区地下水的环境安全风险。再生水回灌应提高对环境风险较高控制项目的监测频率,以便掌握地下水水质变化,及时监控预警。建议有关部门进一步完善再生水、地下水相关水质标准,特别是将风险较高的新型污染物纳入到水质管理体系中,进一步保障地下水水质安全。

(2)构建完善的再生水回灌风险管理系统。建立基于风险因子识别与管控、再生水生产风险管理、回灌场地适宜性评估、再生水回灌地下水安全风险评估、场地回灌风险管理、监控预警管理一体化框架的再生水回灌地下水风险管理系统,应采用程序化、系统化方式规范不同回灌方式下的再生水回灌地下水的过程和行为。

(3)在选取回灌场地之前或再生水长期回灌地下水时,有必要采用DRASTIC 等经验模型或 HYDRUS、ENVIRO-GRO 等动态模型对地下水污染进行脆弱性评估,确保地下水安全。

(4)加强再生水回灌地表入渗过程中污染物迁移转化规律的研究。目前国内的相关研究还缺乏系统性,应结合实验室模拟、野外调查研究、模型模拟研究、同位素示踪技术等,揭示再生水回灌下典型污染物的迁移转化规律及其影响因素(水质、土壤性质、潜水蒸发力、包气带厚度等),为再生水安全回灌提供科学支撑。

　　(5)加强定位跟踪研究。以往的研究多数是基于实验室土柱研究再生水回灌对地下水水质的影响,与再生水回灌地下水项目有一定差距,同时,一些污染物形成风险需要较长的时期才能表现出来。因此,需要选取特定回灌项目并开展长期定位跟踪研究,为再生水安全回灌提供基础数据。此外,在项目缺乏时,也可以开展仿真模型和模型评价研究,以弥补相关数据的不足。

参考文献

[1] 白志鹏,王珺,游燕. 环境风险评价[M]. 北京:高等教育出版社,2009.

[2] 陈卫平,吕斯丹,王美娥,等. 再生水回灌对地下水水质影响研究进展[J]. 应用生态学报,2013, 24(5): 1253-1262.

[3] 陈坚,刘伟江,白福高,等. 再生水回灌地下水风险管理建议[J]. 环境保护科学, 2016, 42(5): 22-25.

[4] Brissaud F, Restrepo-Bardon M, Soulie M, et al. Infiltration percolation for reclaiming stabilization pond effluents[J]. Water Science & Technology,1991,24(9):185-193.

[5] Fisher A T. Aquifer storage and recovery and managed aquifer recharge using wells: planning, hydrogeology, design, and operation [J]. Groundwater, 2013, 51(3): 314-315.

[6] 潘能,陈卫平,焦文涛,等. 绿地再生水灌溉土壤盐度累积及风险分析[J]. 环境科学, 2012, 33(12): 4088-4093.

[7] Shahalam A, Abu-Zahra B M, Jaradat A. Wastewater irrigation effect on soil, crop and environment: A pilot scale study at Irbid, Jordan [J]. Water Air and Soil Pollution, 1998, 106(3/4): 425-445.

[8] Palacios-Díaz M P, Mendoza-Grimón V, Fernández-Vera JR, et al. Subsurface drip irrigation and reclaimed water quality effects on phosphorus and salinity distribution and forage production [J]. Agricultural Water Management, 2009, 96(11): 1659-1666.

[9] 张娟,王艳春,田宇. 再生水灌溉对绿地土壤盐分指标和速效养分的影响[J]. 北京园林,2009, 25(4): 50-53.

[10] Lubello C, Gori R, Nicese F P, et al. Municipal-treated wastewater reuse for plant nurseries irrigation [J]. Water Research, 2004, 38(12): 2939-2947.

[11] 杨金忠,Jayawardane N, Blackwell J,等. 污水灌溉系统中氮磷转化运移的试验研究 [J]. 水利学报,2004(4):72-79.

[12] Swancar A. Water Quality, Pesticide Occurrence, and Effects of Irrigation with Reclaimed Water at Golf Courses in Florida [R]. U. S. Geological Survey: Water-Resources Investigations Report, 1996.

[13] Hogg T J, Weiterman G, Tollefson L C. Effluent irrigation: the sask at chewan perspective

[J]. Canadian Water Resources Journal,1997,22(4):445-455.

[14] Candela L, Fabregat S, Josa A,et al. Assessment of soil and groundwater impacts by trea-ted urban wastewater reuse. A case study: Application in a golf course(Girona, Spain) [J]. Science of the Total Environment, 2007, 374(1):26-35.

[15] Sheikh B, Cooper R C, Israel K E. Hygienic evaluation of reclaimed water used to irrigate food crops-A case study [J]. Water Science and Technology, 1999, 40(4-5):261-267.

[16] Chen W P, Wu L S, Frankenberger W T, et al. Soil enzyme activities of long-term reclaimed wastewater-irrigated soils [J]. Journal of Environmental Quality, 2008,37(5): 36-42.

第7章　结论与展望

7.1　结　论

新疆极端干旱缺水,多数地区地下水超采导致地下水位下降、水质恶化。与此同时,城市污水资源充足稳定,但其循环利用率低,再生水利用潜力巨大。城镇污水处理厂的再生水是当前国际公认的第二水源,目前再生水补给地下含水层是再生水利用的前沿领域。在新疆若能充分利用再生水,将有利于缓解水资源紧缺和由于地下水超采导致的含水层枯竭等问题,有利于改善水环境和提高水重复利用率。

在极端干旱缺水的新疆,再生水利用才刚刚起步,在再生水补给地下水领域更没有相关研究与工程实践。本书结合新疆干旱区实际情况,重点研究了干旱区再生水地下储存模式、再生水地下储存主要污染物迁移转化机制、再生水地下储存健康风险与生态风险,得到以下主要结论:

(1)在分析目前国内外再生水地下储存的主要模式、研究典型工程案例的基础上,对干旱区再生水地下储存模式进行筛选。由于本研究前期工作基础较薄弱,通过对干旱区再生水地下储存工程野外勘察与选址,对再生水地下储存模式初选,在此,以地表渗滤方式为主开展荒漠再生水地下储存研究。除开展上述研究外,还将对地下土层的实际净化作用进行土壤柱模拟试验。同时,本研究拟选取国家环境保护准噶尔荒漠绿洲交错区科学观测研究站附近场地作为研究区域,对研究区自然概况进行详细分析。

(2)对新疆城镇生活污水排放、处理现状及再生水利用情况等,尤其是重点对乌鲁木齐市生活污水及主要污染物排放情况、污水处理厂及其运行情况、再生水利用情况进行调查与分析;分析乌鲁木齐市再生水可利用潜力和污水再生处理能力,对研究区再生水地下储存所选场地的地下含水层空间条件、地下水水质改善的可行性进行分析与评价,由此分析乌鲁木齐市再生水补给地下水的可行性,选择典型再生水厂水质进行监测分析,掌握其再生水水质变化特征、处理水平及水质稳定性、评价再生水地下水储存安全性,并对再生水地下储存水质标准适应性进行分析。结果表明:

①乌鲁木齐市城北再生水厂出水水质各指标值一般在冬季较高,夏季较低,即冬季水质偏差,夏季略好。

②再生水出水中各污染物的去除能力差异大,TP 去除率较高,可达到80%以上,TN、NH_4^+-N 去除率较低,仅 60% 左右,而对 COD 和 BOD_5 去除率较差,多在 50% 以下。各污染物去除率各月变化总体上均不稳定,尤其是对 COD 和 BOD_5 去除率极不稳定,该再生水厂出水水质提升还有较大空间。

③对再生水出水水质中的各项检测值分析表明,有多项指标超出地下回灌水质标准的限制,其中常规指标 COD、BOD_5 和氨氮大大超过了规范要求的水质标准。因而,目前乌鲁木齐市再生水出水水质未达到地下储存的技术要求,现阶段采用再生水补给地下含水层其安全性不能得到保证。

(3)通过室内土柱试验的研究方法模拟再生水入渗过程,研究再生水地下储存荒漠土壤主要污染物迁移转化机制,研究在再生水入渗过程中污染物对土壤和地下水的影响,研究污染物在土壤中的变化规律及其环境行为,探讨再生水渗滤后,再生水污染物浓度的变化以及土壤中污染物的变化情况等,分析荒漠土壤含水层处理系统(土壤渗滤系统)的可行性。结果表明:

①再生水通过渗滤进入土柱后,在土柱 60 cm 处的出水氨氮浓度逐渐趋于稳定,并明显低于进水及 30 cm 处的氨氮浓度,且当进水氨氮浓度相同时,3个不同土壤的土柱均表现出相同的变化规律。说明荒漠土壤对氨氮有明显的去除作用,尤其是到土柱 60 cm 处,土壤对氨氮的去除作用加强。

②由于采用的土壤是原状土,土壤成分复杂,对氨氮的去除率并不十分稳定。3 个土柱对氨氮的去除效果不同,这与试验所取土壤受到的自然与人为农业活动因素导致的土壤污染物含量不同有密切关系。不同土壤质地、组分与性质不同,对氨氮的去除效果有明显差异。

③再生水渗滤后土壤各污染物浓度变化各有差异,总体上,相比再生水渗滤前,渗滤后土壤中氮污染物浓度以增加为主体态势。3 个土柱在再生水渗滤后土壤 COD 浓度均呈现增加的趋势,而有机碳含量和总磷浓度的变化则分别以降低和升高为主体趋势。

④通过相关性分析,大致了解再生水渗滤后,土壤性质对再生水氨氮去除率和土壤污染物浓度变化的影响因素。在所检测的无机污染物和离子成分中,土壤中的 CO_3^{2-}、HCO_3^-、Na^+、SO_4^{2-}、总磷、碱解氮与硝酸盐氮等指标含量对再生水氨氮的去除率及土壤中污染物浓度变化有明显的影响。

(4)通过室内试验,研究荒漠土壤氨氮吸附性能,了解荒漠土壤对氨氮的吸附行为,定量分析氨氮的吸附过程,分析不同深度的土壤对氨氮的饱和吸附量,探究氨氮等温吸附机制。通过掌握土壤对氨氮的吸附动力学和吸附热力学特征,探索土壤对氨氮的吸附规律和吸附机制。结果表明:

①各土样对氨氮吸附达到平衡时所需的时间差不多,且吸附动力学曲线走向基本相同,呈 γ 型;可以看出,0~10 min 内,吸附量的增长速度较快,90 min 后,土壤对氨氮的吸附量变化幅度较小,即吸附过程达到平衡;说明氨氮与各土样之间作用均很强烈,短时间内即可达到平衡,即在 10 min 内为快速吸附,10~90 min 为慢速吸附,大于 90 min 为动态平衡吸附;为了确保吸附充分,后续等温吸附试验平衡时间选择 120 min。各土样对氨氮的最大吸附量变化范围在 161.6~244.9 μg/g。氨氮的水溶液与土壤之间作用很强烈,一旦接触,短时间内就会被土壤吸附;氨氮在土壤中的吸附量达到平衡吸附量,吸附率可达 40% 左右。因此,只有 40% 左右的氨氮能够被土壤吸附,而 60% 左右的氨氮仍会流失;7 个土样对氨氮吸附的动力学过程,非线性准二级动力学模型比拟一阶动力学模型拟合得更好,说明供试土壤吸附氨氮主要是化学吸附作用,并受控于离子交换反应速率。

②根据等温吸附试验数据绘制吸附等温线,结果表明:氨氮浓度越高,氨氮的吸附量越多且趋于饱和,吸附等温曲线越平缓。对试验数据分别作 H型、F 型和 L 型吸附等温线,进行线性拟合,结果表明:Freundlich 和 Langmuir吸附等温曲线方程都可以较好地描述各土样对氨氮的吸附等温线,但 Freundlich 吸附模型可以更好地描述氨氮在土壤中的热力学吸附过程,说明吸附过程符合单分子层吸附模型。当氨氮浓度低于 100 mg/L 时,氨氮吸附过程符合 Henry 吸附等温曲线,说明吸附过程主要是依靠分子引力和离子键力来完成的。

③3 种质地的土壤对于氨氮的吸附能力随着粒径的不同而不同,吸附能力表现为粉质黏土>砂质黏土>粉质砂土。

(5)总结分析了再生水地下储存的潜在健康风险及其评价方法,分析再生水地下储存健康风险因子,对干旱区再生水地下储存的健康风险,包括化学污染物和病原微生物的健康风险进行定性描述与评价,提出健康风险控制的对策与措施。

(6)总结分析了再生水地下储存的潜在生态风险及其评价方法,对干旱区再生水地下储存的生态风险进行定性描述与评价,提出生态风险控制的对策与措施。

综上所述,本书取得重要结果有:对新疆干旱区再生水地下储存的场地进行评价与选址,分析再生水地下储存模式的可行性与适用性;分析新疆特别是乌鲁木齐市污水及再生水利用及其水质状况,分析干旱区再生水地下储存的可行性和安全性,研究再生水利用及再生水地下储存的水质标准适应性,评价再生水水质安全;通过室内土柱试验,揭示荒漠土壤渗滤系统主要污染物迁移转化规律,掌握荒漠土壤氨氮吸附性能,阐明不同质地土壤对氨氮的吸附作用机制与差异;总结再生水地下储存的健康风险与生态风险评价方法,确定潜在风险因子,提出健康与生态风险控制的主要因素和对策。上述研究成果为今后深入研究干旱区再生水地下储存技术奠定基础,为新疆干旱区再生水循环利用及水资源安全提供技术支撑。

7.2 存在的问题及解决途径

(1)针对再生水出水水质不稳定且水质不完全达标的状况,研究水温、碳源、膜组件的过滤、截留能力、工艺运行方式等各种因素对强化和稳定出水水质的影响,通过提标改造提高污水处理能力,确保出水水质稳定达标,最终提高城市再生水利用率。土壤渗滤技术要求灌入的再生水或经过前处理的污水满足地下回灌的水质要求,否则对灌入区域的土壤和地下水将带来严重污染且难以补救。这就要求城市污水处理厂和再生水厂提高现有处理能力以确保水质达标。

(2)目前,我国执行的再生水补给地下水水质标准中缺失部分控制指标项目,随着新型污染物的产生,相应的水质指标也未做要求;同时,对各控制指标的监测要求偏低、监测频次偏少,极大增加了再生水利用及地下水回灌的生态风险与环境健康风险。因此,建议应根据环境污染源变化,对现行的再生水利用及地下水回灌水质标准进行修正,增加对生态与健康风险较大的控制项目、提高各控制项目的监测频率,以便为再生水安全利用、区域环境管理与生态保护提供有效的技术依据。

(3)影响土壤渗滤系统应用的因素复杂,需对渗滤基质(土壤)组成与性质、进水水质与水力负荷等进行综合分析,所以在实际应用中,应充分考虑技术经济性,力求在环境容量下限约束范围内,以投入最少、处理效果最佳为目标来采用土壤渗滤技术。

参考的标准与规范

1. 地下水质量标准(GB/T 14848—2017)
2. 城市污水再生利用　分类(GB/T 18919—2002)
3. 城市污水再生利用　城市杂用水水质(GB/T 18920—2002)
4. 城市污水再生利用　景观环境用水水质(GB/T 18921—2002)
5. 城市污水再生利用　地下水回灌水质(GB/T 19772—2005)
6. 城市污水再生利用　工业用水水质(GB/T 19923—2005)
7. 污水再生利用工程设计规范(GB 50335—2002)
8. 再生水水质标准(SL 368—2006)
9. 农田灌溉水质标准(GB 5084—2005)
10. 地表水环境质量标准(GB 3838—2002)
11. 土壤环境质量标准(GB 15618—1995)
12. 土壤环境监测技术规范(HJ/T 166—2004)
13. 地下水污染地质调查评价规范(DD 2008—01)
14. 地下水环境监测技术规范(HJ/T 164—2004)
15. 地下水监测规范(SL 183—2005)
16. 城镇污水处理厂污染物排放标准(GB 18918—2002)
17. 地表水和污水监测技术规范(HJ/T 91—2002)